KB244969

UKRAINE

우크라이나 음식과 역사 / Food and History

이 책은 우크라이나 요리를 문화적 맥락에서, 무형문화유산의 하나로 소개하며 문화 외교의 잠재력을
탐구합니다. 이 책을 통해 우크라이나 문화에 대한 독자들의 관심이 높아지길 기대합니다.

yizhakultura.com
ui.org.ua
koreaucc.com

우크라이나: 음식과 역사

지은이	올레나 브라이첸코, 마리나 흐리미치, 이호르 릴려, 비탈리 레즈니첸코
옮긴이	장서윤 Seoyoon Chang

초판	2024년 4월 2일
발행인	장상원 Sangwon Chang
편집	이명원 Myungwon Lee
검수	올레나 쉐겔 Olena Shchegel
디자인	박갑경 Kabkyung Park
발행처	B&C World
출판등록	1994.1.21 제 16-818호
주소	서울특별시 강남구 선릉로 132길 3-6 서원빌딩 3층
전화	(02)547-5233 인스타그램 @bncworld_books

UKRAINE

우크라이나 음식과 역사 / Food and History

BnCworld

들어가는 말

FOREWORD

Ukraine. Food and History

우크라이나 요리가 세계적으로 알려지면서 세계 곳곳의 고급 레스토랑은 물론 가정에서도 우크라이나 요리를 즐기기 시작했다. 또한 빠르게 발전하는 외식 산업과 아르티장 식품 산업은 국제적인 푸드 투어리스트들과 외국 투자자들의 관심을 끌어 모으고 있다. 그러나 안타깝게도 아직도 많은 사람들이 세계인의 사랑을 받고 있는 우크라이나 요리와 식문화가 우크라이나 것이라는 사실을 알지 못하는 경우가 많다. 따라서 이 책은 현대 우크라이나 요리를 소개하면서, 우크라이나인들의 식생활 및 지역에 따른 우크라이나 요리의 특징을 설명하고자 한다.

세계화된 현대 사회에서 음식은 한 나라의 역사, 문화, 전통, 그리고 생활방식을 이해하는 통로가 된다. 음식은 사람들을 단합시키고 의사소통을 위한 긍정적인 분위기를 만들어 가족, 친구, 심지어 외교관계의 개선에도 중요한 역할을 한다. 상차림 방식, 식기와 테이블 장식, 그리고 이 모든 것이 어우러져 만들어 내는 분위기는 모두 다이닝 경험의 일부가 된다. 이것이 바로 우크라이나 문화원이 요리 외교를 중점 분야 중 하나로 선택한 이유이다.

이 책은 요리의 실용적 측면뿐만 아니라 다양한 재료의 역사, 조리 방법의 특징, 요리가 탄생한 배경 등 각 요리의 기원에 대해서도 설명한다. 그리고 이는 자연스럽게 우크라이나인들의 생활 방식, 관습, 전통, 세계관 및 우크라이나의 지형과 자연의 이야기로 이어진다. 또한 이 책에는 우크라이나 소수 민족들과 그들의 문화에 대한 설명도 포함되어 있다.

음식 연구는 문화학 연구 측면에서도 중요한 위치를 차지하고 있으며, 우크라이나를 비롯한 다른 나라에서도 지속적으로 관심을 갖고 있는 분야이다.

이 책이 출판되기까지 많은 기여를 해 주신 우크라이나 최고 음식 전문가와 연구자, 셰프들께 감사 인사를 드린다. 이자쿨투라(음식과 문화) 프로젝트 팀에도 감사를 드린다. 특히 셰프팀은 전 세계 독자들이 현대식 주방에서 손쉽게 찾을 수 있는 재료로 우크라이나 요리의 풍미와 식감을 완벽하게 재현하고 즐길 수 있도록 우크라이나 전통 레시피를 재해석했다. 이 책은 우크라이나 요리에 관심이 있고 우크라이나 요리를 지인들에게 소개하고 싶은 사람들을 위해 만들어졌다. 우크라이나 요리를 즐기고, 우크라이나 식문화의 풍성함과 다양성을 즐기는 장에 독자 여러분을 초대한다.

Volodymyr Sheiko,
볼로디미르 셰이코,
우크라이나 문화원 원장

Tetyana Filevska,
테탸나 필레우시카,
우크라이나 문화원 크리에이티브 디렉터

음식은 사람들을 단합시킨다. 함께 식사를 하다 보면 우리는 말뿐만 아니라 표정이나 보디랭귀지 등으로 서로의 기분, 의도, 사람들을 대하는 태도 등을 알 수 있다. 심지어 상대방이 선호하는 음식을 통해 무엇을 좋아하는지, 어떤 종교를 가졌는지, 어떻게 살아왔는지도 짐작할 수 있다. 즉, 식사를 통해 우리는 자신의 정체성을 드러내며, 이는 곧 음식이 우리를 대변한다는 의미이기도 하다.

우크라이나 요리는 매혹적이고, 풍부하며, 다양하고, 현대적이다. 각 계절은 자신만의 고유한 풍미를 지닌다. 같은 음식이라도 지역의 다양한 요리법에 따라 맛이 달라진다. 우크라이나 요리의 강렬함과 아름다움은 수세기 동안 행해지고 검증된 고품질의 식품과 식품 생산 기술을 바탕으로 한다. 또 우크라이나 여러 지역에서 사는 많은 소수 민족들은 우크라이나가 자긍심을 가지고 전 세계인들과 공유하는 요리의 전통을 만드는 데 많은 기여를 했다.

우크라이나 요리는 우리의 문화와 신념을 대변하는 우리의 목소리이다. 이 책에는 우크라이나의 요리, 식문화, 역사, 문화를 더 깊이 이해하는 데 도움이 될 학술적인 내용이 포함되어 있다. 이 책의 저자들은 우크라이나의 미식 유산이 소프트파워라는 인식을 가지고 이를 홍보하고 있다. 이는 우크라이나 문화를 전파하고, 문화적 다양성을 보존하며, 국가의 이익을 대변할 강력한 도구가 될 것이다. 우크라이나의 전문 셰프들이 특별히 개발하고 테스트한 레시피에 따라 요리를 해 보고 우크라이나 요리의 매력에 빠져 보길 바란다.

Olena Braichenko,
올레나 브라이첸코,
이자쿨투라 프로젝트 설립자 겸 이자크 출판사 대표

Ukraine. Food and History

CONTENT

Section I.

From the history of Ukrainian cuisine

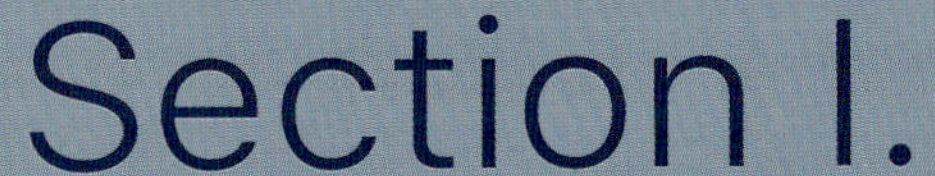

Ihor Lylo

이호르 릴려

역사학 교수

'맛'은 우크라이나를 발견하는
방법 중 하나이다. 때때로 우리는
큰 감동을 주는 맛을 만날 때가 있다.
시간이 멈춰지고 그 맛을 만든 문화와
사람들을 상상하면서 그 순간을
영원히 잊지 못할 때가 있다.

»

IHOR LYLO
OLENA BRAICHENKO

우크라이나 요리는 현대 요리의 맛과 조리 방식에 영향을 미칠 정도로 깊은 전통을 가지고 있다. 동시에 우크라이나 요리는 과거의 관습과 미래의 트렌드를 반영하기 위해 끊임없이 변화하고 환경에 적응하고 있다. 계속해서 전통 요리를 분석하고 재해석하며, 우크라이나 여러 지역에서 특징적인 맛을 재발견하고자 한다. 전국을 여행하다 보면 사람들은 각 지방의 요리에서 친숙한 무엇인가를 발견하게 된다. 보르슈치 *борщ*, 집에서 만든 수제빵, 코우바사 *ковбаса* 또는 소시지, 바레니키(달콤하거나 짭짤한 소를 채운 만두) *вареники*, 홀룹찌(속을 채운 양배추 롤) *голубці*와 같은 우크라이나 대표 요리는 모두 지역별로 다른 특징을 가지고 있다. 이러한 문화적 차이는 국제적으로 알려진 요리 용어를 만들어 내는 경우도 있다. 예를 들어 우크라이나 이민자들에 의해 캐나다에서 처음 인기를 모은 피로히*пироги*는 우크라이나에서는 바레니키로 널리 알려져 있다. 용어의 차이는 이주 형태로 설명될 수 있는데, 캐나다는 대부분 서부 우크라이나 출신의 이민자들이 이주했기 때문에 이 지역에서는 여전히 이 유형의 만두를 피로히라고 부른다. 그러나 중앙 우크라이나에서 피로히를 주문하면 파이가 나올 가능성이 높다. 이렇듯 지역 요리를 처음 맛봄으로써 우리는 무궁무진한 우크라이나의 요리 세계에 입문하게 되고, 우크라이나와 우크라이나의 역사, 문화를 새롭게 발견하게 된다.

오늘날 우크라이나에서는 농부와 장인이 만드는 제품이 인기를 끌고 있다. 소비자들은 자연의 풍미와 독특한 맛을 위해 기꺼이 비용을 지불한다. '우리의 뿌리로 돌아가는' 과정은 점점 더 관심을 얻고 있으며, 오래된 레시피가 다시 부상하고 있다. 우크라이나 요리를 좋아하는 사람들의 수도 계속 늘고 있으며, 이는 재출간되는 우크라이나 요리책의 수가 빠르게 증가하는 것만 봐도 알 수 있다. 이제, 현대 음식 문화와 전통을 기반으로 새롭게 부상하고 있는 우크라이나 요리에 대해 논의할 때가 되었다.

Flavours in Ukrainian cooking

우크라이나 요리의 풍미

음식의 맛, 신선함, 그리고 형태 등에 대한 전통적 기준은 지역 공동체의 오랜 경험에 의해 만들어진다. 같은 식품이라도 생산지, 가공, 보관, 조리법에 따라 고유한 맛과 모양을 띠게 된다. 우크라이나인들은 여러 세대에 걸쳐 발전시켜 온 전통적인 식품 가공기술 덕분에 수확한 농산물, 고기, 어류, 버섯 및 야생 베리 등, 음식을 만드는 데 필요한 재료를 효율적으로 사용하고 다양한 방식으로 저장할 수 있었다.

우크라이나는 기후가 온화한 편이지만 겨울은 몹시 춥다. 때문에 전통적인 식단의 기초가 되는 신선한 텃밭 작물은 그 계절에만 구할 수 있었고 신선한 고기, 생선, 버섯은 장기 보관해야 했다. 이런 이유로 우크라이나는 식품을 건조하고, 소금이나 향신료 등으로 절이고, 훈연 처리하는 기술을 도입해야 했다. 그리고 이러한 보존 식품은 우크라이나의 지역 특산품이 되었다.

IHOR LYLO
OLENA BRAICHENKO

Sweet flavours

단맛

당도가 높고 인공감미료를 첨가한 현대식 단맛은 과거에는 없던 것이다. 대신 발효된 곡식과
채소 요리만이 유일한 단 음식이었다.

우크라이나는 곡물 재배의 전통이 강한 나라이다. 보리, 기장, 호밀, 귀리, 밀과 같은 인기
있는 곡물은 죽을 만들고 빵을 굽는 데 사용되었다. 감자가 대량으로 도입되기 전(1800년대
후반~1900년대 초반), 주식은 곡물이었다. 19세기 말까지 가장 인기 있었던 요리 중 몇몇은
발효 과정을 거쳐 독특한 단맛과 신맛을 내는 발효곡물이나 밀가루로 만들어졌다. 예를 들면
귀리 또는 밀기울(wheat bran)에 끓는 물을 붓고 오래된 호밀빵을 추가한 뒤 그것을 며칠
동안 따뜻한 곳에 두어 발효시킨 다음 천천히 조리하는 식이었다. 과거에도 현재와 마찬가지로
맥아(발아된 호밀, 또는 보리알)를 이용하여 발효 요리와 음료를 만들었는데, 불행히도 오트밀
키실(젤리 음료)과 기타 마시는 오트밀, 또는 묽은 보리죽과 같이 맛과 칼로리가 풍부한 다양한
발효 음료는 현대 우크라이나 요리에선 사라진 지 오래이다. 이 모든 시리얼 요리는 되기와
풍미에 따라 뜨겁거나 차갑게 제공되었으며, 으깨거나 죽을 만든 다음 기름을 첨가해 주요리로,
아니면 꿀이나 대마씨 우유를 더해 디저트로 만들어졌다.

우크라이나인들은 오랫동안 양봉을 했고, 천연의 단맛인 벌꿀을 높이 평가했다. 꿀은 생꿀,
달인꿀(벌집에 끓는 물을 부어 왁스를 녹이고 분리한 꿀), 음료 및 디저트(예: 꿀에 익힌 과일) 등
다양한 형태로 사용되었다.

1800년대 중반, 우크라이나는 사탕무 재배와 설탕 가공 산업이 급속히 발전했으며, 이로 인해
단맛이 매우 다양해졌다. 설탕 자체가 과자가 되었고(예를 들어 각설탕을 물고 차를 마시는 것이
관습이 되었다), 설탕을 원료로 한 제품이 더 많이 출시되면서 당과, 비스킷, 할바, 파스티유(드롭
캔디), 잼, 설탕에 절인 과일 등이 대규모로 생산되었다.

IHOR LYLO
OLENA BRAICHENKO

Sour flavours

신맛

톡 쏘는 신맛이 나는 발효 식품은 여전히 인기가 많다. 신맛이 나는 발효 제품을 뜻하는 우크라이나어 크바스니는 살아 있는 유산균의 공급원이자 인기 있는 신맛 음료인 크바스квас와 동일한 어원을 가지고 있다. 우크라이나인들은 호밀빵 크바스와 비트 크바스를 좋아했으며, 이를 다른 요리에도 사용하였다. 요즘 상점에서 파는 크바스 음료는 대량 생산된 것들이다. 1900년대에 집에서 자연 발효시켜 양조한 크바스는 점차 인기가 없어졌고, 비트 크바스는 이제 거의 찾아볼 수 없게 되었다. 그러나 우크라이나의 음식 블로거, 요리 전문가, 미식가, 전문 셰프들은 계속 관심을 가지고 정기적으로 발효 비트를 실험하고 있다.

현대 우크라이나인들은 오래전부터 재배해 온 양배추와 오이, 100여 년 전에 들어온 토마토, 가지, 피망을 오늘날에도 발효시켜 먹는다. 우크라이나인들이 좋아하는 발효 채소는 개별 요리나 애피타이저, 또는 다른 요리의 재료로 사용된다.

우크라이나 남부에서는 발효 수박의 맛을, 북부에서는 크랜베리를 곁들인 신 양배추(소금에 절인 양배추)의 맛을, 그리고 오데사 지역에서는 발효 가지의 매콤한 맛을 즐길 수 있다. 가지는 비교적 새로운 채소로, 우크라이나에서는 1900년대 초에 알려지기 시작했지만 빠르게 전국적으로 인기를 얻었다. 발효 비트는 불과 몇십 년 전만 해도 다양한 요리에 사용되었으며, 비트 크바스는 전통적인 우크라이나 찌개인 보르슈치와 고기 요리에 이용되었다. 지금도 보르슈치에는 여전히 비트 크바스가 쓰이지만 이전만큼 널리 사용되지는 않는다.

20세기에 들어 집에서 만드는 발효 식품은 저장 채소와 과일로 대체되었다. 그러나 일부 주부들, 특히 지하저장고가 있는 시골이나 도시 거주자들의 경우는 식초와 같은 방부제를 넣지 않고 소금과 천연 허브(양고추냉이, 체리 잎, 딜 꽃머리, 마늘, 양파 등)만을 사용하여 식품을 발효시키고 있다.

IHOR LYLO
OLENA BRAICHENKO

Salty flavours and pickling methods

짠맛과 절임법

우크라이나의 소금 생산과 무역의 역사는 수세기 전으로 거슬러 올라간다. 14세기부터 운영되고 있는 가장 오래된 소금 광산 중 하나는 우크라이나 서부 드로호비치에 위치하고 있다. 이곳에서는 소금물(천연 소금액)을 가열해 소금을 추출한다. 또 콜로미야 지역을 비롯한 다른 여러 마을과 도시에서도 소금을 채굴하였다. 남부의 소금은 여전히 흑해 연안의 염호와 크림반도의 헤니체스크 소금 호수에서 생산된다. 콜로미야 소금은 프랑스 탐험가이자 군사 기술자인 기욤 르 바스수르 드 보플란(Guillaume Levasseur de Beauplan)의 『우크라이나에 대한 묘사 Description of Ukraine』(1651)에서도 언급된 바 있다. "그들은 딱총나무와 참나무 재로 또 다른 종류의 소금을 만들며, 이것은 빵과 함께 먹기 좋다. 그들은 이 소금을 '콜로미'라고 부른다."

도네츠크 지역은 소금 광산으로 유명했다. 15세기부터 우크라이나는 소금을 포함한 여러 상품을 거래하는 '소달구지 무역 산업'을 발전시켰다. 이러한 무역을 하는 상인을 추막 *чумак*이라고 했고, 그들의 생활 방식을 추마츠트보 *чумацтво*라고 불렀다. 19세기에 우크라이나는 주로 돈바스 지역에서 대규모로 암염을 채굴했다. 도네츠크 지역의 지하 300m에 위치한 솔레다르 소금 광산은 생각지도 못한 부가적 산물을 만들어 내기도 했다. 매우 크고 음향 효과가 훌륭한 그곳 동굴의 한 공간을 심포니 오케스트라의 콘서트장으로 이용하고 있기 때문이다.

소금은 다양한 농산물을 절이는 데 사용되었다. 소금에 절인 고기도 인기 있는 생산품이었다. 큰 조각의 라드, 고기, 삼겹살은 보드냐 *бодня*라는 나무통에 절여 몇 달 동안 보관되었다. 이 고기는 보르슈치, 쿨레쉬(기장으로 만든 죽) *кулеш* 및 기타 요리를 만드는 데 사용되었다. 소금에 절인 라드는 인기 있는 식품이지만, 우크라이나에서 소금에 절인 고기와 라드를 가리키는 일반적인 말이었던 '쏠로니나 *солонина*'라는 용어는 이제 더 이상 사용되지 않는다.

IHOR LYLO
OLENA BRAICHENKO

우크라이나인들은 소금에 절인 생선을 좋아하며 이것은 우크라이나 요리에서 중요한 위치를 차지한다. 과거에는 소금에 절인 생선이 귀중한 무역 상품으로 사용되었다. 갓 잡은 신선한 생선은 소금에 절인 후 말려서 보관되었다. 기욤 르 바스수르 드 보플란은 자포리쨔 코자크*의 생선 염지법을 설명하면서, 염지 과정에 재를 첨가했다고 기록하고 있다. 18세기, 부유한 도시민들은 특히 1800년대 후반과 1900년대 초반에 인기가 있었던 철갑상어와 같은 절인 생선 필레를 좋아했다. 철갑상어는 아조우해와 흑해 연안에서 대규모로 포획되어, 내륙으로 수천 킬로미터 운송되었다. 그러나 2000년에 우크라이나는 멸종 위기에 처한 철갑상어의 어획을 금지했다. 현재는 양식 철갑상어가 원양 어업을 대체하고 있다.

/ *자포리쨔 코자크: 드니프로강 주변 자포리쨔 지역을 거점으로 활동하던 우크라이나 집단. 추후에 코자크 계급으로 계급화되었다.

역사적으로 드니프로강과 그 지류에 가까운 농촌 지역에서는 생선을 소금에 절이는 문화가 발달했다. 생선의 내장을 제거하고 씻어 소금을 뿌리고 호밀 짚에 놓은 뒤 전통적인 스토브에 불을 붙이고 장작이나 석탄이 다 탈 때까지 기다렸다. 그런 다음 불씨를 제거하고 짚으로 덮은 생선을 나무 삽에 놓아 스토브에 넣고 스토브가 식을 때까지 그대로 두었다. 시간이 지나면서 생선은 반건조나 건조 생선이 되었으며 이렇게 건조된 생선은 겨울 내내 유명한 드니프로우시키 보르슈치 *дніпровський борщ*의 재료가 되었다.

강에서 잡은 다양한 종류의 생선을 말리고 소금에 절이는 기술은 오늘날에도 여전히 이어지고 있다. 대부분의 우크라이나 식료품점이나 시장에서는 다양한 말린 생선, 훈제 생선, 또는 기타 방식으로 절인 작은 생선을 판매한다. 예전에는 소금에 절인 말린 생선을 요리에 사용했지만, 지금은 개별 요리나 간식으로 먹는다. 소금에 절여 말린 생선은 풍부한 감칠맛을 가지며, 감식가들은 가장 맛이 좋은 강, 호수, 바다 생선의 종류에 대해 잘 알고 있다.

생선은 또한 소금물에 절여 보존할 수 있으며, 이는 청어에 가장 적합한 방법이었다. 18세기에서 19세기에는 크림 반도와 돈강, 다뉴브강에서 잡은 청어가 널리 유통되었다. 르비우시(市)에서 발견된 15~18세기의 역사적 문서에는 배럴통에 담긴 다뉴브강과 발트해 청어에 대한 언급이 있다. 생선은 기름과 식초를 뿌려 개별 요리로 먹었는데 과도한 소금을 제거하기 위해 먼저 물이나 우유에 담갔다. 다뉴브 청어는 맛이 뛰어나 오늘날에는 지역 특산품이 되었다.

흑해로 흘러가는 다뉴브강 하구의 마을, 빌코베는 청어에 '빌코베'라는 마을 이름을 붙였다. '빌코베 청어 *вилківський оселедець*'의 또 다른 이름은 '두나이카 *дунайка*'인데, 이는 '두나이'라는 우크라이나식 다뉴브강의 명칭에서 유래한 것이다. 또 다른 인기 있는 남부 요리로는 소금에 절인 생선(보통 잉어 또는 도미)에 해바라기씨유를 뿌리고 양파를 넣어 식초에 절인 음식이 있다.

소금에 절인 것은 고기와 생선만이 아니었다. 절인 채소와 치즈도 인기가 많았다. 소금에 절인 치즈는 소금물을 채운 항아리에 갓 만든 신선한 치즈를 매일매일 겹겹이 더해 만들었다. 항아리는 외부 창고에 보관되었고, 혹독한 겨울 동안 내용물이 얼어붙어 장기간 보관할 수 있었다. 이 치즈는 파이와 바레니키에 사용되었다. 20세기 말에 이 전통적인 조리법은 완전히 사라졌지만, 오늘날에도 소금에 절인 치즈는 여전히 인기가 많다. 소금으로 치즈층을 염지하는 고대 기술은 소금에 절인 치즈와 딜이 들어간 전통 우크라이나 바레니키와 튀긴 양파, 또는 돼지 껍질을 곁들인 요리에서 볼 수 있다.

오늘날에는 일년 내내 신선한 채소를 구할 수 있음에도 불구하고 절인 채소는 여전히 우크라이나의 모든 축하 행사에서 가장 많이 볼 수 있는 음식이다. 절인 버섯, 오이, 토마토, 절인 생선, 절인 피망, 마늘, 가지는 항상 손님들에게 환영받는다. 이 음식들은 개별적으로, 혹은 한 접시에 같이 담아 제공된다. 아무리 작은 시장이라도 소금에 절인 식품을 취급하며, 우크라이나의 모든 가정은 최소 하나 이상의 가정식 절임 레시피를 가지고 있다.

Curing in smoke

훈연 식품

훈제는 우크라이나에서 음식을 보존하는 또 다른 전통적인 방법이다. 전통적인 훈제 식품에는 고기, 라드, 생선, 자두, 배 등이 있다. 서부 우크라이나의 자카르파탸에서는 꼭 쇼우다르 *шовдар*라는 지역 특산물을 먹어봐야 한다. 쇼우다르는 돼지 다리를 소금에 절인 뒤 과일 나무만을 사용해 가볍게 훈제한 것이다. 우크라이나인들은 훈제할 때 사과, 체리, 배, 딱총나무, 참나무 등 다양한 종류의 나무를 사용하는데, 이 과정에서 연한 노란색, 황금빛 갈색, 짙은 갈색, 검은색에 이르는 다양한 색이 만들어진다. 서부 우크라이나의 할리치나 지역에서는 가정과 산업 시설 모두에서 고기 훈제가 행해졌다. 특히 부활절 즈음에는 온 마을에서 훈제 제품이 만들어졌다. 이러한 전통적인 고기 보존 방법은 오늘날에도 여전히 이어지고 있다. 중앙 및 동부 우크라이나의 훈제 살로(라드), 고기와 생선, 북부 폴리샤 지방의 절인 고기인 마찌크 *мацик*와 보후크 *богук*, 폴리샤와 볼릉 지역의 수제 소시지 등이 그것이다.

Dry cured products

건조 식품

건조는 음식을 보존하는 고대의 또 다른 방법이었다. 요즘에는 건조 과일이 주로 간식으로 여겨지지만 과거에는 우즈바르(말린 과일을 넣어 우린 음료) *узвар*와 같은 음료를 만들거나 바레니키, 파이, 키실 *кисіль*과 같은 다른 요리를 만드는 데 사용되었다. 요리나 판매를 위해 사과, 배, 자두, 체리 등을 건조했으며, 오븐이나 뜨거운 불씨 위에서 과일을 건조하는 과정에서 독특한 훈제 풍미가 입혀졌다.

1900년대에 들어 건조 과일은 상업용 식품건조기에서 대규모로 생산되었다. 오늘날 현대식 레스토랑에서는 전통 우크라이나식 보르슈치에 섬세한 훈제 풍미의 배말랭이를 더하는 오래된 레시피를 메뉴에 되살리고 있다.

Typical dishes and products

대표적인 요리 및 식품

IHOR LYLO
OLENA BRAICHENKO

Bread

빵

1900년대 중반까지 빵은 우크라이나 사람들의 주식이었다. 농촌 지역에서는 집에서 빵을 구웠으며, 이것은 여성들이 감당해야 할 어렵고 복잡한 일이었다. 빵은 가족 규모에 따라 일주일에 한 번, 4개에서 12개의 덩어리로 구웠다. 반죽을 하고, 단단히 끼운 나무 판자로 만든 원추형, 또는 원통형의 베이킹 틀에 반죽을 담아 발효시켰다. 우크라이나에는 빵과 관련된 수백 개의 옛날이야기, 관용구, 속담 등이 전해지고 있다.

우크라이나의 가장 오래된 빵은 효모가 없는 무발효빵이다. 이 빵은 우크라이나의 산악 지역에서 1900년대 중반까지 오트밀이나 보릿가루로 만들어졌으며, 차차 발효 사워도 빵으로 대체되었다. 우크라이나의 고지대 민족인 보이키와 후출 사람들은 여전히 보리로 만든 무발효빵인 오슈치폭 *ощипок*을 먹고 있으며 코르즈 *корж*와 옥수수로 만든 말라이 *малай* 같은 전통적인 후출 화덕 케이크도 아직까지 인기가 있다. 아조우해 연안 지역에서는 충전물 유무에 관계없이 납작한 무발효빵을 여전히 굽고 있는데, 우룸족과 루메이족 공동체에서 특히 인기가 높다.

불가리아와 그리스계 우크라이나인들은 피타빵(납작한 원형의 무발효빵)을 먹는다. 크림 타타르인들은 푸룬이라고 불리는 야외 베이킹 오븐에서 빵을 굽는다. 또 이스트 없이 녹인 버터를 첨가해 만드는 둥근 칼라카이 *кхалакхай* 라는 빵도 있다.

이스트가 도입되기 전에는 홉, 발아한 보리, 호밀에서 추출한 천연발효종을 사용해 빵을 만들었다. 때로는 이전 반죽을 남겼다가 새로운 빵 반죽에 첨가했는데, 이는 새로운 반죽을 만들기에 충분한 양의 발효 물질이 남은 반죽에 들어 있었기 때문이다.

오랫동안 커다란 축제용 밀빵이 우크라이나식 환대를 상징해 온 것은 사실이지만 그렇다고 이 빵이 국가 전체의 풍부한 제빵 전통과 다양성을 모두 반영하는 것은 아니다. 시골 지역과 달리 대도시는 빵을 만들고, 판매하고, 품질을 관리하는 고유한 전통을 가지고 있었다. 14세기에 마그데부르크법을 채택한 르비우에는 1349년으로 거슬러 올라가는, 제빵사 길드에 대한 문서화된 증거가 남아 있다. 길드의 도장에는 매듭 모양의 페이스트리인 프레첼이 조각되어 있다. 여성은 길드에 들어가는 것이 금지되었지만 많은 여성들이 제분 및 제빵과 관련된 직업, 또는 완제품과 관련된 직업에 종사했다.

독일의 단치히 출신 여행가 마틴 그루네벡(Martin Gruneweg)은 16세기 후반 르비우를 다음과 같이 묘사했다. "나는 유럽의 절반을 여행했고 세계에서 가장 유명한 도시들을 가 보았지만, 매일 시장으로 배달되는 빵이 이렇게 많은 곳은 본 적이 없다. 당신이 어느 나라에서 왔든, 당신은 고향의 빵을 찾을 수 있을 것이다. 빵, 롤, 페이스트리, 또는 그 무엇이라도." 르비우의 제과점들은 갈색빵과 흰빵, 유대인 마차와 할라, 아르메니아 라바시, 크라쿠프 프레첼, 르비우 유라쉬키 *юрашки*를 만들었다. 독특하고 달콤한 페이스트리인 유라쉬키는 르비우의 수호 성인인 성 게오르기우스 축일에 열리는 음식 박람회에서 그 이름의 유래를 찾을 수 있다. 고대 루테니아어는 그리스식 이름인 성 게오르기우스를 성 유리로 변형시켰고, 그로 인해 페이스트리에는 유라쉬키라는 이름이 붙여졌다.

르비우는 빵의 품질과 가격을 관리하는 사람들을 따로 고용했다. 거스름돈을 덜 주는 등 손님을 속이는 행위를 하다가 이 관리사들에게 적발되는 제빵사들은 시장 광장에 설치된 도르래의 특수 시스템에 의해 공중에 매달리는 굴욕을 맛봐야 했다.

곡물 생산에 적합한 비옥한 땅의 우크라이나가 '유럽의 빵바구니'로 알려진 것은 전혀 놀라운 일이 아니다. 이 용어는 국제 무역이 증가하던 1900년대 초 러시아 제국 시대에 만들어졌다. 러시아 제국에서 수출된 곡물의 90%가 우크라이나산이었으며, 이로 인해 우크라이나의 밀은 전 세계에 알려졌다. 일설에 따르면 캐나다의 가장 오래된 토착밀인 레드 파이프(1842)의 기원이 우크라이나 서부의 할리찬카 밀이라고 전해진다. 이 밀 품종은 혹독한 캐나다 날씨에서도 잘 자라 더 나은 품질의 제품을 생산했다.

IHOR LYLO
OLENA BRAICHENKO

할리찬카 밀 품종의 도입은 캐나다를 세계 최대 곡물 생산국 중 하나로 만드는 데 기여한 가장 중요한 사건이었을 것이다.

전 세계 우크라이나 이민 후세들은 우크라이나의 언어는 더 이상 사용하지 않더라도 요리 전통은 유지한다. 아메리카 대륙에 사는 우크라이나인들은 그들의 모든 교회와 학교가 보르슈치, 바레니키, 그리고 집에서 구운 페이스트리의 판매 수익금으로 지어졌다고 농담을 하곤 한다.

소비에트 연방 시절에는 대부분의 주민들에게 제공되는 빵과 과자류가 매우 적었고, 국가가 운용하는 엄격한 품질 관리 시스템이 있었음에도 불구하고 품질 차이가 컸다. 그 기간 동안 많은 종류의 지역빵이 사라졌고, 소비에트 경제는 신선한 페이스트리를 제공하던 개인 소유의 카페와 빵집을 폐점시켰다. 대도시의 중앙 상점만이 다양한 제과류를 제공할 수 있었다.

오늘날 레스토랑과 크고 작은 빵집에서는 글루텐프리빵, 이스트프리빵을 포함해 새로운 레시피, 다양한 종류와 형태의 제품을 판매한다. 그들은 다용도 호밀빵, 갈색빵과 같은 전통빵, 부활절 파스카 *паска*, 웨딩 코로바이 *коровай*와 같은 의례용 빵의 수요를 충족시키고자 노력한다. 우크라이나의 유명 셰프와 푸드 블로거들은 우크라이나의 제빵 전통을 탐구하고, 홈베이킹과 식품 매장에서 빵을 만들어 파는 문화를 실험하고 홍보한다. 우리는 오늘날에도 여전히 유의미한 고대 제빵 전통의 부활을 목격하고 있다.

IHOR LYLO
OLENA BRAICHENKO

Oils

유지류

기름은 요리의 풍미를 향상시키는 필수 재료이다. 우크라이나 요리는 대부분 동물성 지방이 많다는 게 일반적인 생각이지만 이는 잘못된 상식이다. 사실, 우크라이나 요리에는 다양한 종류의 식물성 기름이 사용된다. 오늘날에는 주로 해바라기씨에서 추출한 해바라기씨유가 많이 사용되고 있지만, 언제나 그랬던 것은 아니다. 1900년대 이전에는 대마씨, 아마씨, 유채, 카멜리나(양구슬냉이)와 같은 다양한 기름이 사용되었다.

아마와 대마는 필수 농작물이다. 상업적으로 섬유가 생산되기 전, 이 식물들은 개인 소유의 토지에서 재배되어 가정에서 가공되었으며 직물로 만들어졌다. 최근에는 이 식물에서 추출한 기름에 대한 수요가 증가하고 있다.

그러나 여전히 시장을 지배하고 있는 것은 해바라기씨유이다. 해바라기씨유에는 두 종류가 있는데, 요리나 베이킹에 사용되는 정제유와 우크라이나에서 토종 오일로 더 알려진 엑스트라 버진 해바라기씨유가 그것이다. 샐러드 드레싱에 알맞은 토종 해바라기씨유는 독특한 풍미, 황금빛이 도는 색, 강렬한 향을 가지고 있다.

기름이 함유된 씨앗은 요리에 사용하거나 유제품의 대안으로 사용되었다. 양귀비씨와 대마씨에서 추출한 식물성 밀크는 죽을 요리하는 데 썼다. 오늘날 이 방법은 비건과 채식주의자 커뮤니티에서 널리 사용되고 있다. 우크라이나의 북동부에 위치한 슬로보잔슈치나 지역에서는 대마씨 밀크를 사용하여 수제 파스타를 만들었다. 이 조리법은 대마씨를 살짝 볶아 절구에 으깬 뒤 체에 밭쳐 물과 섞는 것이다.

Dairy products

유제품

우크라이나 요리에서 우유와 유제품은 절대적으로 중요한 재료이다. 여기에는 유청, 버터밀크, 버터, 구운 요거트와 우유, 크림과 사워크림(스메타나 *сметана*), 그릭 요거트와 비슷한 점도의 끓인 코티지 우유(후슬량카 *гуслянка*), 천연 사워 밀크(키슬랴크 *кисляк*), 치즈, 소의 초유 등이 포함된다. 우크라이나 서부 지역의 양치기 전통은 발효된 양젖을 이용해 치즈를 만들고, 크바스와 유사한 발효유 음료를 생산하는 문화를 만들었다. 양젖과 양젖으로 만드는 이들 유제품은 높은 평가를 받고 있으며, 여기에는 양젖으로 만든 후출족들의 브린자 *бриндзя*, 부드즈 *будз*(레닛 치즈), 부르다 *вурда*(끓여서 만든 치즈), 천연 사워 밀크로 만든 치즈 등이 포함된다. 최근 수십 년 동안, 우크라이나에서는 중소 규모의 염소농장 기업이 증가세를 보였다. 이는 염소젖과 염소젖으로 만든 유제품인 치즈, 케피르 등을 찾는 소비자들의 수요를 충족시키는 데 도움이 되었다. 이들 유제품은 그대로, 혹은 요리나 곁들임 음식으로 사용된다.

요즘에는 신선한 우유를 먹는 일이 익숙하지만 이전에는 우유를 몇 시간이나 스토브 안에서 끓여야 했다. 끓인 우유는 섬세한 풍미와 황금색을 띠었고, 더 오랜 기간 안전하게 보관할 수 있었다. 이런 우유를 베이크드 밀크 또는 스튜드 밀크라고 불렀다.

천연 사워밀크나 신선한 코티지 우유(키슬랴크)는 또 다른 인기 유제품이다. 요즘은 주로 빵과 함께 먹지만 예전 우크라이나인들은 구운 감자, 양파와 함께 먹었다. 키슬랴크는 치즈를 만드는 데도 사용된다. 우크라이나 서부 자카르파탸 지역의 사람들은 끓인 코티지 우유(후슬량카)를 좋아한다. 그릭 요거트와 유사한 걸쭉한 질감의 후슬량카는 몇 달 동안 냉장 보관이 가능하다.

IHOR LYLO
OLENA BRAICHENKO

우크라이나에는 단단한 치즈를 만드는 전통이 없다. 대신 지속적으로 홈메이드 코티지 치즈를 만든다. 코티지 치즈는 사워 밀크를 스토브에 끓이면서 유청이 분리되는 것을 확인한 뒤 물을 빼내는 방식으로 만들어진다. 집에서 만든 코티지 치즈는 신선하게 먹거나 파이, 바레니키, 스콘, 슈트루델, 푸딩, 치즈 튀김, 소를 넣은 믈린찌(크레이프) 요리에 사용된다. 신선한 우유와 섞은 코티지 치즈는 아이들에게 인기 있는 전통 디저트로, 가끔씩은 설탕을 뿌리기도 한다. 이 부드러운 치즈는 디저트뿐만 아니라 짭조름한 맛의 요리에도 사용된다. 소금에 절인 딜, 캐러웨이, 마늘과 잘 어울리며 갓 구운 빵과 먹으면 더욱 맛있다.

우유를 끓이면 커드와 유청으로 분리되는데 유청은 커드를 제외한 액체를 말한다. 유청은 요리, 베이킹, 믈린찌를 만들 때 물 대신 사용된다. 유청은 더운 여름날, 갈증을 해소하는 가장 좋은 음료이기도 하다.

우크라이나 요리에서는 스메타나, 또는 사워크림이 특별한 위치를 차지한다. 스메타나는 단독으로 먹기도 하지만 소스로 쓰이거나 보르슈치에 더하기도 하고, 설탕 또는 딜과 마늘을 넣은 달콤하거나 짭짤한 바레니키에 곁들이기도 한다. 스메타나는 토마토, 오이, 딜, 양파 샐러드에 사용되는 만능 드레싱이다. 스메타나는 단맛과 신맛이 나고, 지방 함량과 질감이 다양하며, 여러 가지 방법으로 만들어진다. 우크라이나에는 인생에서 가장 편안한 상태를 묘사하는 '스메타나에서 바레니키처럼 수영하기'라는 표현이 있다.

버터를 만들 때 생기는 부산물인 버터밀크도 요리와 의례용 빵을 만드는 데 쓰이는 재료로 귀하게 여겨졌다.

IHOR LYLO
OLENA BRAICHENKO

Ukrainian salo

우크라이나 살로(라드, 돼지 비계)

살로 *сало*는 우크라이나의 대표 요리 중 하나이다. 그 복잡한 생산 방식과 살로의 소비 문화에 익숙하지 않은 사람이라면 우크라이나의 국민음식이라고 알려진 살로의 인기에 놀랄 것이다. 그러나 알려진 것과 달리 우크라이나 사람들의 살로 사랑은 사실보다는 신화에 가까운 측면이 있다. 시대나 경제 상황, 지역 및 종교적 신념에 따라 전국적으로 식단에서 차지하는 고기와 살로의 비율은 크게 달랐다. 옛날 우크라이나인 대부분은 채소, 생선 요리, 야채 수프, 보르슈치 및 다양한 종류의 쿨레쉬(곡물 죽)를 즐겨 먹었다.

그럼에도 불구하고 우크라이나인들은 살로에 특별한 애정을 가지고 있다. 살로는 우크라이나 음식 문화에서 중요한 자리를 차지하며 수많은 농담을 만들어 냈다. 실제로 우크라이나인들은 살로에 대해 농담하는 것을 좋아한다. 이제 살로는 대중적인 음식 문화를 넘어 예술의 경지까지 넘보고 있다. 초콜릿을 입힌 살로 요리가 만들어지고, 르비우에는 '오직 살로에 바쳐진' 박물관 겸 레스토랑까지 생겼다.

우크라이나의 살로 생산과 대규모 돼지 사육은 역사적, 지리적으로 다양하게 발전해 왔다. 중부 및 좌안 우크라이나(드니프로강 동쪽)에서는 17세기와 18세기, 경제 기반을 이루며 급속히 발전한 양조장 산업에 의해 돼지 사육이 크게 촉진되었다. 양돈 농가는 농장에 갇힌 돼지에게 양조장에서 나온 부산물을 먹였으며, 운동 부족과 영양이 풍부한 사료로 인해 농장의 돼지는 빠르게 체중이 증가했다.

한편, 북부 폴리쌰 지역의 많은 가정에서는 돼지를 방목해 키웠다. 숲과 초원에서 야생 풀, 도토리, 견과류를 먹고 자란 돼지는 고기의 맛과 질감이 달랐다. 각기 다른 돼지 사육 환경과 영양적인 차이는 12종류가 훨씬 넘는 다양한 살로를 생산해 냈다.

살로의 맛은 두께에 따라 결정된다. 살로의 두께는 3㎝ 미만인 것도 있고, 우크라이나인들이 말하는 '두 손가락 두께' 또는 손바닥 두께인 10㎝ 이상인 것도 있다. 가장 높은 평가를 받는 살로는 얇은 고기층이 있는 것으로, 여러 개가 있으면 더 상품(上品)이다. 빈니쨔, 폴타바, 테르노필 지역의 살로는 살로의 국제적인 기준이 되었다.

그러나 돼지의 사육 조건만이 살로의 품질에 영향을 미치는 유일한 요인은 아니다. 살로가 우크라이나 음식 문화에서 중요한 구성 요소가 된 이유를 이해하려면 제조 방법을 살펴봐야 한다. 살로를 만드는 데는 드레싱 과정이 매우 중요하다. 도축된 돼지의 겉껍질을 뜨거운 재로 그을린 뒤 깨끗이 닦아 내고, 짚으로 덮어 다시 그을린 다음 라드층을 잘라 낸다. 그리고 소금에 절이기 전, 몇 시간 또는 며칠 동안 숙성시키는데, 이러한 과정은 살로의 품질과 풍미를 향상시킨다.

소금에 절인 살로는 빵, 절인 토마토나 신선한 토마토, 양파, 겨자, 양고추냉이, 신선한 마늘과 함께 전채 요리로 먹는다. 살로는 원래 밭일하는 사람들에게 제공되는 훌륭한 새참이었다. 영양가가 높고 더위에도 잘 상하지 않았기 때문이다. 살로는 시간이 지날수록 색이 약간 노랗게 변하면서 풍미가 달라지는 만능 저장 식품이다. 따라서 계절에 따라 가격이 바뀌고, 고기보다 비쌀 수 있다는 것은 결코 놀라운 일이 아니다.

IHOR LYLO
OLENA BRAICHENKO

Ukrainian borshch

우크라이나 보르슈치

만약 우크라이나에 꽤 오래 머문 사람에게 우크라이나에서 가장 인기 있는 음식이 무엇이냐고 물으면 분명 '보르슈치'라고 대답할 것이다. 보르슈치는 가정에서나 고급 레스토랑에서나 항상 빠지지 않는 우크라이나의 대표 요리이다. 우크라이나에는 적어도 100개가 넘는 보르슈치 레시피가 있다. 보르슈치를 만드는 전통 방식은 이제 국가의 무형 문화유산이 되었다.

보르슈치는 재료나 국물의 종류에 따라 한끼 식사나 가벼운 야채 콘소메가 되는, 사랑받는 국민 찌개이다. 구소련의 공공 식당 시스템은 보르슈치의 명성을 다소 훼손시킨 바 있다. 그 시절에는 모든 구내 식당, 카페, 레스토랑에서 맛과 모양이 표준화된 보르슈치를 제공했기 때문이다. 하지만 요즘에는 지역마다 다른 레시피에 따라 만들어진, 다양한 종류의 보르슈치를 맛볼 수 있다. 요리를 하는 사람이라면 거의 대부분이 자신만의 보르슈치 레시피를 가지고 있을 것이다.

계절 재료와 지역에 따라 보르슈치의 맛이 달라지는 것은 매우 당연한 일이다. 보르슈치는 '숟가락을 꽂을 만큼 걸쭉한' 것에서부터 마시는 컵에 담는, 흔히 '귀족의 보르슈치'라고 불리는 묽은 것까지 종류가 다양하다. 또 차가운 보르슈치인 홀로드닉 *холодник*(우크라이나어로 차갑다는 뜻의 '홀로드'*холод*에서 유래)과 뜨거운 보르슈치가 있다.

보르슈치는 채식주의자용(비건식)으로 만들 수도 있고, 육수를 사용해 만들 수도 있다. 고기 없는 보르슈치는 채소나 생선 육수를 기본으로 해 고기 대신 버섯과 콩을 넣는다. 화이트 보르슈치에는 버섯물을 베이스로 사용한다. 고기 보르슈치는 닭고기 등 다양한 고기 육수가 기본 재료이다.

IHOR LYLO
OLENA BRAICHENKO

보르슈치의 맛은 단맛에서 신맛까지 다양하다. 크바스는 신맛을 내기 위해 사용된 가장 오래된 재료로, 원래는 야생 허브를 사용해 만들었지만 시간이 지나면서 비트와 빵으로 대체되었다. 토마토가 널리 보급되면서, 토마토는 보르슈치의 신맛을 내는 주요 재료가 되었다. 이 밖에도 지방에 따라 타트체리, 야생 배, 루바브, 자두, 딸기, 크랜베리 등이 이용되었다.

예부터 내려오는 보르슈치 레시피에는 지역 특산물이 포함되어 있다. 강과 호수 근처에 사는 지역에서는 일반적으로 짚으로 구운 생선이나 건조해 소금에 절인 생선을 보르슈치에 넣었다. 포딜랴 지역에서는 훈제 배가 추가되었다. 결혼식에 쓰이는 보르슈치에는 종종 기장이 보인다. 크리스마스에 먹는, 고기가 없는 보르슈치에는 자두, 버섯, 또는 청어로 채워진 작은 귀 모양의 만두가 들어간다.

우크라이나의 보르슈치는 항상 개선되어 왔고 여러 방법으로 개량이 가능하다. 셰프들은 살로, 스메타나, 밀가루 및 식용유를 사용해 맛과 영양을 향상시키는 특별한 비법을 가지고 있다. 소금, 마늘과 함께 으깬 살로를 넣거나 찌개가 완성되기 5~10분 전에 튀긴 밀가루를 스메타나나 육수에 섞기도 한다.

보르슈치는 유백색, 분홍색, 빨간색, 녹색(산시금치 또는 쐐기풀 보르슈치)에 이르기까지 그 색상이 다양하다. 그리고 일반적으로는 온도와 풍미를 조절하는 스메타나를 곁들인다.

보르슈치는 많은 속담이나 격언에 등장하기도 한다. "보르슈치가 메인 요리이다."라는 말은 우크라이나 식단에서 보르슈치의 지위를 반영한다. 다른 말들은 비유적이거나 특성을 말한다. "보르슈치에 버섯 두 개", "보르슈치가 묽어도 단맛만 나면 된다", "시간이 흘러도 좋아지는 건 보르슈치밖에 없다", 그리고 가장 간결한 속담인 "보르슈치가 최고다".

/ **보르슈치에 버섯 두 개**
  ▶ 아무리 좋은 것이라도 과하면 좋지 않다는 뜻

/ **보르슈치가 묽어도 단맛만 나면 된다**
  ▶ 먹을 것(재산, 돈 등)이 많지 않아도 사랑하는 사람과 같이 하면 단맛이 난다는 의미
  ▶ 손님을 초대한 집주인이 여유가 없어서 제대로 대접을 하지 못해서 미안하다고 할 때
    손님이 괜찮다는 의미로 하는 말(음식이 많지 않아도 정성껏 만든 것이니 맛있다)

/ **시간이 흘러도 좋아지는 건 보르슈치밖에 없다**
  ▶ 밤새 보르슈치를 그대로 두면 숙성되면서 풍부한 맛이 나오기 때문에 생긴 말

우크라이나에는 잘 알려진 국민 요리와
식품 외에도 푸드 투어리스트들을
끌어들이는 지역 특산품들이 많이 있다.

IHOR LYLO
OLENA BRAICHENKO

Local
specialities

지역 특산품

우크라이나에는 잘 알려진 국민 요리와 식품 외에도 푸드 투어리스트들을 끌어들이는 지역
특산품들이 많이 있다.

우크라이나의 유구한 양치기 전통은 정말 주목할 만한 것이다. 특히 후출족이 양젖으로 만드는
브린자 치즈는 체르니우찌, 자카르파탸, 이바노프란키우시크 지역의 고지대에서 생산되며,
우크라이나의 첫 번째 지리적 표시(geographical indication) 제품이다. 자카르파탸 지역의
라히우는 매년 '후출 양 브린자 푸드 페스티벌'을 개최한다. 브린자 치즈는 15세기부터 이어져
내려오는 방식으로 고지대 초원에서 방목해 키우는 양젖으로 만든다. 양젖은 발효, 숙성을 거친 뒤
소금으로 경화시킨다.

브린자 치즈는 다양한 요리에 사용된다. 풍부한 맛의 연한 노란색 치즈로, 부서지기 쉬운 질감을
가지고 있어 단단한 용기에 건조된 상태로 보관한다. 야채와 구운 감자에 곁들이기 좋은 훌륭한
치즈이며, 바노쉬 *баношр*와 쿨레쉬 같은 요리에도 꼭 필요한 재료이다.

오데사 지역은 베사라비아 브린자 치즈로 유명하다. 베사라비아 브린자 치즈는 다른 방식으로
제조되고 소금물에 보관되며, 이 치즈의 짠맛은 샐러드, 토마토, 잼과 잘 어울린다.

야보리우시키 파이 *яворівський пиріг* 또한 지역의 대표 요리이다. 이 요리는 야보리우시키
자바우키(전통 장난감)와 함께 곧 공식적인 우크라이나 무형 문화재가 될 것이다. 르비우 주(州)
야보리우 및 호로도츠키 지역이 원산지인 이 파이는 고기가 없는 버전과 튀긴 베이컨, 버섯을 넣은
보다 전통적인 버전이 있다. 카라임족의 전통 요리, 에트 아이아클락 *ет-аяклак*(고기 파이)도
우크라이나의 무형 문화유산의 일부이다. 오늘날, 에트 아이아클락은 우크라이나 남부 멜리토폴
지역에서 사는 카라임인들이 가장 즐겨 먹는 요리가 되었다.

Section II.

Ukrainian traditions of hospitality

우크라이나의 환대 전통

Maryna Hrymych

마리나 흐리미치

역사학 교수

환대의 전통과 음식 문화는
두 개의 미지수로 이루어진 방정식이다.
여기서 x는 '무엇을'을 나타내고,
y는 '어떻게'를 설명한다. 이와 같은 방정식은
여러 가지 답을 갖는다. 이 책은 이러한
방정식의 답을 찾기 위한 과정을
안내하기 위해 만들어졌다.

»

전 세계적으로, 환대의 전통은 가족 행사나 기념 만찬, 연회와 같은 축하연을 통해 가장 잘
드러난다. 축하연은 음식을 준비하는 것 외에도 손님을 초대하고, 메뉴를 정하고, 상차림과 좌석
배치를 결정하고, 테이블 관리 업무를 위임하고, 특정한 식사 예절을 따르는 등의 보편적 순서로
진행된다. 상류 사회에서는 이 일련의 행사를 예술적 수준으로 수행하지만, 일상을 사는 평범한
사람들은 더 단순하고 실용적인 순서를 따른다. 또 고급 식사는 세계적인 요리 트렌드를 포함해
최고급 요리를 지향하는 반면 일반적인 식사의 전통은 민간 풍속의 영향을 더 많이 받는다.
우크라이나 환대의 역사는 심지어 상류층에서도 사회적으로 손님을 포용하고 존중하는 접대
문화가 있었음을 보여준다. 문화 외교의 측면에서 이것은 특히 중요하다.

우크라이나 사람들은 보통 실내에서 손님을 대접한다. 그러나 여름에는 과일 나무 그늘과 같은
야외에서 축하 행사를 연다. 이것은 시골뿐만 아니라 대도시에서도 널리 퍼져 있는 관습이다.
오데사에 있는 저층의 노동자 주택 단지, 군인 주택 단지, 또는 담으로 둘러싸인 마당이 있는 집에
사는 도시 거주민들은 모든 이웃이 함께 모일 수 있도록 커다란 테이블이 있는 야외에서 지역 축하
행사를 벌이곤 했다.

1900년대 중반부터 후반까지 농촌에서는 샬라시(거리에서 하는 텐트 파티)를 열어 결혼식과
기념일을 축하했다. 결혼식 텐트는 야외에 세워졌으며, 초대된 손님의 수에 따라 크기가 달라졌다.
어떤 텐트는 300명 이상을 수용할 수 있었다. 보통 텐트는 나무와 천으로 만들어졌으며 파티가
끝나면 해체되었다.

주민들은 흐루쇼프와 브레즈네프 시대에 지어진 집단 소련 주택 단지(각각 흐루쇼프키와
브레즈네프키라고 불림)에서도 손님들을 접대했다. 이 건축적으로 단조로운 대량 생산 아파트는
낮은 천장과 작은 부엌을 갖추고 있었으며, 1960년대 거의 모든 가구에 아파트를 제공하는 데
도움이 되었다. 그러나 사람들은 야외나 카페, 공공 식당, 레스토랑에서 축하 행사를 여는 것을
훨씬 더 좋아했다.

Invitations

초대

우크라이나에서는 전통적으로 세례식, 결혼식, 장례식, 지역 성인의 축일과 같은 중요한 행사에 손님들을 초대해 왔다. 일부 지방에서는 성인의 축일을 대규모로 기념했는데, 특히 주요한 종교 축제와 시기가 겹치는 경우에는 더욱 그러했다. 이러한 전통으로는 우크라이나에서 가장 존경받는 두 성인, 성 베드로와 성 바실리오의 이름을 딴 10대들의 축제 '페트리쿠바티 *петрикувати*'와 '브야자티 바실랴 *в'язати Василя*'가 있다. 부활절과 성탄절에는 전통적인 부활절 아침 식사와 성탄절 저녁 식사를 하며 기념하는 것이 관례이지만, 집 밖에서 다른 사람과 함께 식사하거나 사교적인 방문을 하는 경우도 있었다. 20세기 구소련의 무신론적 프로파간다 시대에는 종교적인 축일이 금지되었고, 사람들은 국경일과 공휴일로 지정된 소련의 '빨간 날'에 명절식사를 하게 되었다. 1월 1일(새해)과 3월 8일(국제 여성의 날)은 새로운 명절로 자리를 잡았고, 생일도 가족이나 친구들과 식사를 하며 맞이하는 경우가 예전보다 잦아졌다.

형식적인 결혼식 초대 절차도 바뀌었다. 최근까지 우크라이나에서는 결혼식 초대를 신랑과 신부, 그리고 신랑과 신부의 들러리가 직접 했다. 이들은 대문으로 줄지어 들어가 주인 부부에게 절을 하고, "우리의 사랑하는 부모님을 대신하여 여러분을 결혼식에 초대합니다."라고 말한 뒤 솔방울 모양의 작고 달콤한 페이스트리인 시슈카 *шишка*를 선물했다. 말하자면 시슈카는 전통 결혼식 '초대장'이라고 할 수 있다.

장식한 빵과 소금으로 귀빈을 맞는 것은 우크라이나에서 오늘날까지 행해지고 있는 또 다른 전통이다. 이 형식적인 의식은 낯선 사람들보다는 가까운 가족들을 위한 경우가 많았다. 빵과 소금, 그리고 종교적 상징물은 신혼부부의 부모가 교회 결혼식에서 돌아오는 신랑신부를 맞이하는 데 사용되었다. 빵과 소금으로 인사를 전하는 전통은 현대 우크라이나에서 외국 및 국가의 고위 인사들을 맞이하는 공식적인 의식이 되었다.

좌석 배치

과거에는 좌석 배치가 사용 가능한 공간에 의해서가 아니라, 손님의 중요도를 반영한 도착 시간에 의해 결정되었다. 주빈으로 초대받지 않았다면 제 시간에 도착할 필요가 없었다. 제 시간에 갈 경우, '말을 먹을 정도로 배가 고프다'는 인상을 줄 수 있기 때문이다. 결과적으로 손님들은 행사가 진행되는 동안 시간차를 두고 서서히 입장했으며, 새로 도착한 손님들은 다른 문화권에서도 흔히 볼 수 있듯이 임의로 자리를 잡았다. 그러나 귀빈과 주인의 좌석은 관례에 따라 정해졌다. 바깥주인과 안주인은 상석(결혼식 때를 제외하고는)에 앉았다. 안주인은 보통 부엌에서 요리를 하거나 일하는 사람들을 감독해야 하므로 자리를 비우는 경우가 많았다. 중요한 건배를 할 때는 다시 불려 오곤 했지만 곧 일하러 가야 했다. 전통적으로 주빈은 주인과 매우 가까운 곳에 자리했고, 때로는 주인의 자리를 차지하기도 했다. 17세기 성직자이며 여행가이자 연대기 편찬자인 알레포의 바오로(Paul of Aleppo)는 안디옥 교회의 마카리오스(Patriarch Macarius)총대주교가 우크라이나 코자크 국가 수장 보흐단 흐멜니찌키(*Богдан Хмельницький*)를 공식 방문했을 때 보흐단 흐멜니찌키가 자신에게 상석에 앉도록 권했다고 기술했다.

우크라이나 민속 문화나 도시의 대중 문화 모두에서 아이들은 어른들과 함께 식탁에 앉지 않는 것이 관례였다. 아이들은 보통 식탁에 앉아 긴 저녁 식사를 하기가 어려웠기 때문에, 나가서 놀다가 돌아와 부모의 무릎이나 의자 가장자리에 앉아 간식을 먹곤 했다. 그러나 오늘날의 아이들은 더 이상 별도의 어린이 식탁에 앉아야 하는 '작은 사람들'로 취급되지 않는다. 현대의 우크라이나 부모들은 프랑스식 접근법에 따라, 아이들을 어른들과 함께 테이블에 앉히고, 축제에 참여하게 한다.

세계 다른 나라와 마찬가지로 현대 우크라이나에서 공식 행사의 좌석 배치는 이름표를 사용하는 맞춤형 좌석 배치로 이루어진다.

식탁 장식과 상차림

기념 만찬의 식탁은 일반적으로 식탁보로 덮여 있으며, 때로는 화려한 자수로 장식된다. 오늘날 우크라이나에서는 면과 린넨으로 만든 무지, 혹은 장식이 있는 다양한 식탁보를 구매할 수 있다. 식탁보는 보통 별도의 서랍에 보관하며, 빳빳하고 깨끗하게 다림질해 사용한다. 축제용 리넨 식탁보, 고급 식기류, 풍성하고 아름다운 음식으로 완벽하게 세팅된 식탁은 완벽한 만찬을 만든다. 꽃과 장식물 같은 불필요한 테이블 장식은 공간을 차지하고, 음식을 먹거나 자유롭게 대화하는 데 방해가 된다고 여겨진다.

식탁은 바르고, 정확하며, 대칭적으로 세팅하는 것이 매우 중요하다. 사용 가능한 모든 공간을 활용해야 하며 취향이 드러나는, 어울리는 식기를 사용해야 한다. 20세기 우크라이나 가정에서는 꽃으로 장식된 국내산 식기를 사용하기 시작했으며 색유리나 크리스털로 만든 원형, 타원형의 샐러드 접시와 타원형 청어 접시를 사용하기도 했다. 메인 요리(로스트 또는 속을 채운 오리 요리 등)가 담긴 큰 접시는 테이블 중앙에 놓인다. 미학적인 면을 고려해 차린 식탁은 풍성한 색의 향연을 만들어 낸다.

과거의 서빙 방법 또한 흥미롭다. 각 가정의 구성원은 맞춤 제작을 하거나 구입한 개인용 숟가락을 가지고 있었다. 관습에 따라 가족의 저녁 식사에 초대된 여행자들도 항상 허리띠에 자신의 숟가락을 꽂고 다녔다. 모든 사람은 하나의 그릇에 음식을 담아 함께 먹었다. 시간이 지남에 따라 음식을 접시에 담아 주는 것이 관례가 되었고, 숟가락은 포크와 나이프로 대체되었다.

우크라이나 상류층이었던 18세기의 코자크 군사 지도부나 19세기의 부유한 상인 계급은 일반적으로 접시, 컵, 소금통, 설탕통으로 은식기와 금도금 식기를 사용했다.

우크라이나 메뉴

전형적인 우크라이나의 축제 메뉴는 마을이나 지역, 문화 공동체에 따라 약간씩 달랐지만, 보통 우크라이나의 대표 요리들로 구성되었다. 보르슈치, 홀룹찌, 고기와 구운 감자, 피클, 젤리미트(아스픽), 바레니키, 믈린찌 *млинці* 등이었다. 각 공동체에는 일반적으로 지역의 경제 활동에 의해 규정되는 기본 요리 목록이 있었다. 예를 들어, 드니프로강이나 샤찌키 호수 근처에 사는 우크라이나 어촌 마을의 축제 메뉴에는 전통적으로 육지에서 생활하는 다른 지역에 비해 더 많은 비중의 생선 요리가 들어갔다. 활발한 문화 교류 역시 축제 메뉴를 발전시키는 중요한 요소가 되었으며, 같은 지역 문화 공동체 사이에서는 다른 문화의 요리 요소를 자유롭게 차용해 썼다. 예를 들어 우크라이나의 남부에서는 피망과 가지가 전체적으로 인기를 끌었다. 하지만 사실상 각 지역의 요리 목록은 거의 비슷했으며, 주부들은 항상 기본 요리 목록을 가지고 있었다. 주부들의 주요 관심사는 요리가 아니라 오히려 계획이었다. 모든 만찬이나 연회는 맛있는 음식을 제외하고는 거의 모든 것이 달랐기 때문이다. 모든 연회는 손님 수에 따라 충분한 양의 음식을 준비해야 했는데, 이는 주부들이 모든 음식을 만들고 식탁을 세팅하기 위해 세심한 시간 관리가 필요하다는 것을 의미한다.

요즘 우크라이나 연회 요리는 세 가지 코스, 즉 스타터, 메인 요리, 디저트로 구성된다. 그러나 최근까지 농촌 지역에서는 더 옛날식 순서를 따랐다. 먼저 신선한 계절 야채를 포함한 차가운 전채 요리가 제공되었다. 전체 요리로는 향신료와 소금에 절인 야채, 젤리 미트와 같은 냉육 요리, 차가운 생선 요리 등이 식탁에 올랐고 20세기부터 샐러드도 여기에 추가되었다.

이 코스 뒤에는 홀룹찌가 서빙되었는데 별도의 코스로, 혹은 다른 뜨거운 요리와 같이 제공되었다. 그 다음은 보르슈치, 고기 육수 또는 수프가 나오고 그 다음에는 로스트 치킨이나 오리가 나왔다. 그 후에 손님들은 바레니키와 소를 넣은 믈린찌 같은 속을 채운 음식을 대접받았다. 마지막 요리는 키실이었다. 요즘 이 코스는 커피와 차, 그리고 과자로 대체되었다.

생활 수준이 향상됨에 따라 더러운 접시와 식기를 깨끗한 것으로 교체하고 테이블을 전체적으로, 또는 부분적으로 다시 세팅하는 것이 관례가 되었다. 하지만 설거지가 쉽지 않았던 시절, 손님들은 예의의 표시로 접시를 그대로 사용하는 것이 일반적이었다. 고용된 주방 보조원들은 코스 사이에 음식 찌꺼기를 수거하기 위해 테이블을 돌았다.

테이블 관리 업무

일반적으로 행사 준비는 안주인이 맡았다. 그러나 결혼식과 같은 대규모 행사에는 종종 요리사가 고용되었는데, 연회의 관리인 역할을 하는 여성(옛 우크라이나말로 바릴리하 *варилиха*)이 요리사와 관리인 역할을 함께 맡기도 했다. 안주인은 친척이나 이웃의 도움을 받을 수도 있었다. 현대 도시 문화에서 자란 우크라이나 여성들도 여전히 부엌일 돕는 것을 당연하게 생각하며, 종종 식탁에서 일어나 더러운 접시를 치우고, 설거지해 건조시키고, 식탁을 다시 세팅하고, 새로운 음식을 가져온다.

한편, 바깥주인은 손님들이 즐거운 시간을 보내고 건배가 계속 이어지도록 술잔이 가득 차 있는지 확인한다. 그가 이 일을 완벽하게 할 수 없는 사람이라면 항상 그 자리를 채울 수 있는 친구를 근처에 둔다. 20세기 후반 구소련 국가들에서 조지아어 단어, 타마다 თამადა는 사회자라는 뜻으로 널리 사용되었다. 20세기 후반, 대중 문화의 상업화로 축제는 이제 전문회사에서 주최하는 것이 일반적이다. 전문 회사들은 케이터링, 장소, 춤이나 뮤지컬 공연, 여러 가지 놀이 등 포괄적인 서비스를 제공한다.

Established formalities

제도화된 의례

Ukraine. Food and History

도착 시간

옛 농촌 문화에서 손님들은 제 시간에 도착해야 한다는 강박감을 느끼지 않아도 됐다. 하지만 도시 대중문화에서 시간을 지키지 않는 것은 여러 문제를 야기할 수 있다.

선물

우크라이나 옛 농촌 마을의 축하 행사에 참석하는 손님들은 달걀, 치즈, 꿀, 빵과 같은 음식을 가져오는 것이 전통이었다. 의례적인 행사에는 의례적인 선물이 요구되었다. 예를 들어 결혼식 하객들은 살아 있는 닭을 가져왔고, 부활절 축하 행사에는 집에서 구운 파스카를 가져오는 것이 관례였다. 시간이 지남에 따라 도시 대중 문화에서도 보통 술 한 병, 케이크나 초콜릿 같은 디저트, 꽃다발을 가져오는 것이 관례가 되었다. 생활이 더 힘들었던 구소련 시절에는 새해와 3월 8일 같은 기념일에 손님들이 각자 겨울 보존 식품, 집에서 만든 파이, 샐러드, 비스킷 등의 음식을 가져오는 포트럭파티를 열었다. 저녁이 끝나고 손님들이 집으로 향하기 전, 안주인은 손님 각자에게 디저트를 담은 봉투를 선물했다.

음주 문화

전통적으로 강한 술은 매우 엄격하게 통제되었다. 우선, 과거에 사용되던 술잔은 요즘 사용되는 술잔보다 훨씬 작았다. 역사적 기록에 의하면 결혼식 중 모든 손님은 한 잔의 술을 돌려가며 마셨고, 결혼식 진행자의 임무는 잔이 항상 가득 차 있는지 확인하는 것이었다. 비교적 새롭게 받아들인 건배 문화의 영향을 받아 술잔을 넘기는 횟수도 이에 맞춰졌다.

Section II.

주인 또는 사회자는 모든 손님이나 가족 구성원이 건배를 하고 한 잔의 술을 마실 수 있도록 건배 스케줄을 관리했다. 건배 사이에 술을 직접 따라 마시는 것은 부적절하고 무례한 일로 여겨졌다. 전통적으로 술을 따르거나 보충하는 임무는 식탁에 앉은 사람 중 술에 손이 닿는 한 명, 또는 여러 명의 남성에게 맡겨졌다. 행사가 진행됨에 따라 건배의 간격도 길어졌다. 처음 세 번의 건배는 다소 의례적으로 연달아 행해졌는데, 지역에 관계없이 세 번째 건배는 항상 여성이나 사랑을 위한 것이었다.

식사 에티켓은 몇 가지 일반적인 규칙에 의해 규제된다

예를 들어, 테이블에서 요리를 내 쪽으로 가져올 때는 가까이 있는 사람에게도 권유하는 것이 예의이다.

주인에 대한 예의로 접시에 음식을 남겨 두지 않는 것은 우크라이나의 전통이 아니었다. 때로는 음식에만 관심이 있다는 인상을 주지 않기 위해 접시에 약간의 음식을 남겨 두는 것이 가장 좋을 수도 있었다. 일반적으로 식욕을 보여줄지, 숨길지는 상황이나 가족의 전통, 그리고 지역 환대의 규범에 따라 달라진다.

연회 테이블에서의 대화는 가장 중요한 요소이다

손님들은 뉴스와 최신 소식에 관해 토론하고 농담을 주고받는다. 구소련 시절에는 검증된 더 '안전한' 정치적 농담을 교환하는 것이 좋은 테이블 매너였다. 검증되지 않은 정치적 농담은 오해를 일으키고 농담으로 인정받지 못할 수 있기 때문이었다.

노래를 따라 부르는 것은 최근까지 이어진 전통이었다. 보통 첫 번째 코스 이후 손님들로부터 노래 제안이 나오거나 노래가 자연스럽게 터져 나와 모두가 함께 불렀다. 레퍼토리에는 대중적인 축제 노래가 포함되었으며, 축제가 끝날 무렵에는 대부분의 지역 노래가 모두 불렸다. 농촌에서는 노래 실력이 좋은 지역 여성들이 종종 축제에 초대되었다. 노래와 민요 감상은 식사와 음주 사이에 즐길 수 있는 오락의 한 형태였다.

함께 노래 부르는 문화는 한동안 도시 축제에서도 볼 수 있었지만 TV로 콘서트를 보거나, 카세트 플레이어나 오픈릴 녹음기로 녹음된 음악을 듣거나, 춤을 추는 것으로 빠르게 대체되었다.

커피나 차 대접은 저녁이 끝나고 있음을 알리는 신호였다. 과거에는 키실이 그런 표시로 사용되었으나 요즘은 디저트 후에 손님들이 집으로 향하기 시작한다. 우크라이나에서는 집으로 돌아가기 전, 주인에게 다가가 환대에 감사를 표하는 것이 예의이다. 20세기에는 커피나 차가 제공될 때, 즐거운 저녁을 보낸 것에 대한 감사의 표시로 주인을 위해 건배하는 것이 관례가 되었다.

손님들 중 일부는 청소와 설거지를 돕기 위해 계속 머물렀다. 농촌 지역에서는 수호 성인의 날 같은 종교 축제에 참석하기 위해 이웃 마을에서 온 손님들이 하룻밤 묵고 가는 일도 있었다. 1980년대까지 대도시에서도 손님들이 하룻밤 묵는 것은 드문 일이 아니었다. 대중교통이 불편하고 야간 택시를 잡기가 어려웠기 때문에 종종 바닥에서 잠을 자고 갔다.

지난 몇십 년 동안, 평범한 우크라이나인들은 주말에 집에서 여유롭게 아침 식사나 브런치를 즐기고, 저녁에는 외식을 하는 새로운 대중 문화를 열렬하게 받아들였다.

현대 우크라이나의 환대와 식사 예절은
국제적인 표준 트렌드를 반영하면서,
동시에 고대의 전통을 따르고 있다.

Cob bread

팔랴니짜(둥근 빵)

2 ☆ / 🖳 / ▭ / 🧺 / ▢ / **16~18 h** ⏱ / **4** 〰 / 🍃

- 맷돌에 간 밀가루 4kg
- 물(28℃) 3.2ℓ
- 소금 100g
- 르뱅(50% 수분 함유 통밀 발효종) 1.6kg

밀가루와 물을 믹서볼에 넣고 1단으로 3분간 믹싱한다. 1시간 동안 그대로 둔 뒤 르뱅(발효종)과 소금을 넣는다. 1단으로 8분간 부드럽고 탄력 있는 반죽이 될 때까지 믹싱한다. 반죽을 다른 용기에 옮겨 담고 천으로 덮는다. 그 사이에 빵이 부풀어 오를 수 있도록 넉넉하게 밀가루를 뿌린 바구니 발효통 4(8)개를 준비한다. 반죽을 4(8)등분으로 나누어 공모양으로 둥글린 뒤 발효통에 넣는다. 13℃에서 12시간 동안 발효시킨다.

오븐을 250℃로 예열한다. 반죽을 발효통에서 꺼내 베이킹 팬에 놓는다. 팬을 오븐 중간에 넣는다. 오븐에 수증기를 만들기 위해 100g의 물을 오븐 바닥에 직접 부어 주거나, 깨끗한 팬에 물을 담아 가장 낮은 선반에 넣는다. 250℃에서 50분간 굽는다. 구운 빵을 4~5시간 동안 그대로 두어 숙성시킨다.

Buckwheat bread

메밀빵

2 ☆ / 🍳 / ▭ / ▽ / ▭ / 6 h ⏰ / 4~8 🧇 / 🌿

- 고급 밀가루 750g
- 통메밀가루 800g
- 통밀가루 450g
- 물(20℃) 1.3ℓ
- 소금 40g
- 드라이이스트 6g
- 르뱅리퀴드(100% 수분 함유 발효종) 400g
- 발효 반죽(묵은 반죽) 400g

세 종류의 가루를 믹서볼에 넣은 뒤 소금을 넣는다. 드라이이스트와 발효반죽, 르뱅리퀴드를 넣고 물을 넣는다. 1단으로 3분간 섞은 뒤 5~6분 동안 그대로 둔다. 다시 1단으로 3분간 믹싱하고 5~6분 동안 그대로 둔다. 2단으로 1분간 믹싱한다. 반죽을 다른 용기에 옮겨 담고 1시간 뒤 접어 주고 다시 1시간이 지난 다음 반죽을 각각 1㎏씩 4등분한다. 각각의 반죽을 공 모양으로 둥글려 천으로 덮은 채 25분 동안 그대로 둔다.

발효통(바구니) 안쪽에 밀가루를 뿌리고 반죽을 넣어 발효시킨다. 1시간 동안 그대로 둔다. 오븐을 250℃로 예열한다. 빵을 발효통에서 꺼내 베이킹 팬에 놓고 팬을 오븐 중간에 넣는다. 오븐 바닥에 직접 100g의 물을 부어 주거나 깨끗한 팬에 물을 담아 가장 낮은 선반에 넣는다. 250℃에서 35분 동안 굽는다. 구운 빵을 2~3시간 동안 그대로 두어 숙성시킨다.

/ 발효가 잘 됐는지는 손가락으로 반죽을 눌러 확인한다. 반죽이 천천히 중간 높이로 도로 올라오면 구울 준비가 된 것이다.

/ 만든 반죽의 일부를 저장했다가 다음 반죽에 사용할 수 있다.

Wheat and rye bread

밀과 호밀빵

2 ☆ / 🍶 / ▱ / ⛏ / ▭ / 15 h ⏰ / 2 ◔ / 🌿

- 고급 밀가루 1kg
- 체 친 호밀가루 675g
- 통밀가루 350g
- 물 1.4ℓ
- 소금 52g
- 드라이 이스트 3.75g
- 르뱅(50% 수분 함유 발효종) 1kg

밀가루, 이스트, 르뱅을 믹서볼에 넣고 소금과 물을 넣은 뒤 1단으로 3분간 섞는다. 그런 다음 2단으로 바꾸어 8분간 촉촉하고 부드러워질 때까지 믹싱한다. 반죽을 다른 용기에 옮겨 담고 2시간 동안 그대로 둔다. 반죽을 2등분으로 나누고 공 모양으로 둥글린 뒤 부드럽게 눌러 준비된 발효통(바구니)에 넣고 발효시킨다. 5℃의 서늘한 곳에 12시간 동안 그대로 둔다.

오븐을 240℃로 예열한다. 상하 열을 모두 사용한다.

반죽에 밀가루를 뿌리고 발효통에서 꺼내 베이킹 팬에 놓는다. 빵의 표면에 칼집을 넣고 팬을 오븐 중간에 넣는다. 오븐 바닥에 직접 반 컵의 끓는 물을 부어 주거나 깨끗한 팬에 물을 담아 가장 낮은 선반에 넣는다. 오븐을 즉시 닫고 240℃에서 1시간 동안 굽는다.

Flavoured butter

향미 버터

1 ☆ / ◣ / 🗒 / 🌀 / ❄ / 🧂 / 20~25 m ⏱ / 4 👤

청어 버터

- 버터(유지방 82.5%) 100g
- 살짝 소금에 절인 청어 필레 30g
- 풋사과 15g
- 코리앤더 가루 2g
- 소금과 후추(취향에 따라)

잘게 다진 사과, 청어 필레, 버터를 함께 섞은 뒤 코리앤더 가루, 소금, 후추를 넣고 블렌더로 부드러워질 때까지 간다.

1 ☆ / ◣ / 🗒 / 🍳 / 🌀 / ❄ / 🧂 / 20~25 m ⏱ / 4 👤

포르치니 버터

- 버터(유지방 82.5%) 100g
- 포르치니 버섯 30g
- 타임 3g
- 버터(튀김용) 10g
- 소금과 후추(취향에 따라)

포르치니 버섯을 버터에 튀겨 잘게 썬 뒤 타임, 버터, 소금, 후추를 더해 블렌더로 부드러워질 때까지 간다.

1 ☆ / ⟍ / 🗴 / 🞮 / ❄ / 🧂 / 20~25 m ⏰ / 4 👤

허브와 마늘 버터

- 버터(유지방 82.5%) 100g
- 마늘 10g
- 신선한 파슬리와 딜 20g
- 소금과 후추(취향에 따라)

잘게 썬 파슬리와 딜을 버터와 섞은 뒤 다진 마늘, 소금, 후추를 더해 블렌더로 부드러워질 때까지 간다.

버터는 상온의 버터를 사용한다. 향미 버터는 한 회분씩 랩으로 싸서 원하는 모양을 내거나 모양이 있는 틀에 넣어 냉동한다. 냉동한 버터는 사용하기 전, 상온에 두어 부드럽게 만든 뒤 주사위 모양으로 썰거나 틀에서 꺼낸다. 향미 버터는 뜨거운 카나페와 고기 요리에 곁들이기 좋다.

/ 생포르치니 버섯은 건조 포르치니 버섯으로 대체할 수 있다. 건조 버섯은 요리하기 전에 뜨거운 물에 불려 사용한다.

Radish, cucumber and tomato salad

래디시, 오이, 토마토 샐러드

1 ☆ / ⬎ / 🧂 / 🔪 / 🧴 / 10~15 m ⏰ / 2 👤 / 🌿

- 래디시 50g(2~3개)
- 오이 80g(1개)
- 토마토 80g
  (1개 또는 방울 토마토 6개)
- 셀러리 줄기 40g
- 상추 50g
- 신선한 붉은 양백당나무*
  (guelder rose) 열매

  * 오미자와 맛이 비슷한 붉고
  동그란 열매

스메타나 드레싱
- 스메타나 50g
- 딜 5g
- 아마씨
- 소금과 후추(취향에 따라)

기름 드레싱
- 아마씨유 50g
- 파슬리 5g
- 겨자씨 5g
- 소금과 후추(취향에 따라)

야채를 씻는다. 래디시는 얇게 썰고, 오이는 5~8㎜ 두께의 막대 모양으로 썰고, 토마토는 반달 모양으로 썬다. 방울 토마토를 사용할 경우에는 반 자른다. 셀러리 줄기는 슬라이서를 이용해 길이로 얇게 자른다. 상추는 씻어 물기를 제거한 다음 손으로 적당히 찢는다.

• **스메타나 드레싱** 스메타나와 다진 딜, 아마씨를 섞은 뒤 소금, 후추를 넣어 드레싱을 만든다.
• **기름 드레싱** 아마씨유와 다진 파슬리, 겨자씨를 섞은 뒤 소금, 후추를 넣어 드레싱을 만든다.

토마토, 래디시, 오이, 상추, 샐러리를 접시에 담고 드레싱을 뿌린 다음 붉은 양백당나무 열매로 장식한다.

Tomatoes with Hutsul bryndzia

후출 브린자를 곁들인 토마토

1 / / / / / 10~15 m / 2

- 노란 토마토 130g(1개)
- 핑크 토마토 120g(1개)
- 흑토마토 120g(1개)
- 후출 브린자 치즈 80g
- 버진 해바라기씨유 40g
- 껍질 벗긴 호박씨 30g
- 딜과 파슬리 10g
- 상추 50g
- 소금과 후추(취향에 따라)

토마토를 씻어 5~6㎜ 두께로 썰고 접시에 둥글게 원을 그리듯 놓는다. 먼저 흑토마토를 놓고, 노란 토마토, 핑크 토마토 순으로 반복해서 놓는다. 토마토 링 가운데에 상추를 올린다.

브린자 치즈는 으깨고 호박씨는 두 덩이로 나눈다. 호박씨 한 덩이는 브린자 치즈, 잘게 다진 파슬리와 함께 갈아 토마토 위에 조금씩 얹는다. 나머지 한 덩이는 다진 딜과 함께 빻은 뒤 소금, 후추로 간해 해바라기유와 함께 상추 위에 뿌린다.

/ 호박씨는 구워서 사용한다.
/ 상온의 토마토를 사용하는 것이 좋다.

Parsnip, apple, cherry and mint salad 파스닙, 사과, 타트체리, 민트 샐러드

1 ☆ / 🔪 / 🧴 / 🍳 / 🧂 / 10~15 m ⏱ / 2 👤 / 🌿

- 파스닙 60g
- 풋사과 40g
- 신선한 타트체리 40g
- 시금치 잎 50g
- 피망 50g
- 껍질을 벗긴 호두 20g
- 신선한 민트 10g
- 해바라기씨유 20g

드레싱
- 대마씨유 40g
- 꿀 10g
- 사과식초 5g
- 소금과 후추(취향에 따라)

야채를 씻어 천으로 물기를 닦는다. 파스닙과 피망을 작은 삼각형 모양으로 썰어 해바라기씨유에 볶거나 그릴에 굽는다.

• 드레싱 꿀과 사과식초를 섞고 소금, 후추로 간한 뒤 대마씨유를 천천히 넣으면서 부드러워질 때까지 계속 저어 준다.

시금치 잎을 씻어 물기를 제거한다. 풋사과를 얇게 썬 뒤 다진 호두와 약간의 드레싱을 뿌린다. 씨를 제거한 타트체리는 다진 민트와 섞어 둔다.

볶거나 구운 야채를 약간의 시금치 잎과 섞어 접시에 담은 뒤, 다진 호두를 뿌린 사과를 나머지 시금치와 섞어 올린다. 샐러드에 나머지 드레싱을 두르고 타트체리와 다진 민트로 장식한다.

/ 시금치 잎은 상추로 대체할 수 있고, 신선한 타트체리는 건조 타트체리나 다른 새콤달콤한 맛이 나는 부드러운 베리로 대체할 수 있다.

Asparagus with shovdar' and brynzdia

쇼우다르와 브린자를 곁들인 아스파라거스

- 아스파라거스 300g
- 레몬 주스 10g
- 쇼우다르(훈제 돼지 다리) 50~60g
- 후출 브린자 치즈 30g
- 식물성 기름 20g
- 버터 20g
- 소금, 후추(취향에 따라)

아스파라거스를 깨끗이 씻어 끓는 물에 1분간 데친다. 체에 건져 흐르는 물에 식힌 다음, 0.5㎝ 두께로 어슷썰기 한다. 쇼우다르는 칼이나 슬라이서를 이용해 1~1.5㎜ 두께로 얇게 썰어 둔다.

프라이팬을 불에 올리고 식물성 기름을 약간 두른 뒤 버터를 넣어 계속 가열한다. 자른 아스파라거스를 팬에 넣고 2분간 볶다가 레몬 주스를 넣고 볶는다. 여분의 기름을 제거하기 위해 종이 타월에 올린다.

볶은 아스파라거스를 접시에 담고 쇼우다르 슬라이스를 얹은 다음 브린자 치즈를 뿌린다.

/ 카르파티아 쇼우다르는 훈제 건염 돼지고기로 대체할 수 있고, 후출 브린자 치즈는 다른 숙성 치즈로 대체할 수 있다(염소 치즈를 사용해도 좋다).

Marinated baked beetroot

마리네이드한 구운 비트(후출 바랴 샐러드)

- 비트 300g(1개)
- 흰 콩 100g
- 사워크라우트 100g
- 건자두 50g
- 허브 5g

드레싱

- 해바라기씨유 20g
- 순한 머스터드 50g
- 꿀 50g
- 사과식초 10g
- 소금 2g

비트 마리네이드

- 디종 머스터드 25g
- 신선한 타임(건조 타임으로 대체 가능) 1g
- 식물성 기름 20g
- 꿀 25g
- 마늘 10g
- 사과식초 10g
- 소금 2g
- 간 후추 1g

콩은 찬물에 3시간 동안 불리고 헹궈서 익을 때까지 약한 불에서 삶는다. 비트는 씻어 쿠킹 포일로 싼 뒤 200℃ 오븐에서 1.5~2시간 동안 굽는다. 식으면 껍질을 벗기고 슬라이스한 다음 각 슬라이스를 3~4개의 삼각형으로 자른다. 삶은 콩은 3시간 동안 찬물에 담가 둔다.

• **마리네이드** 마늘을 촘촘한 강판에 갈아 나머지 마리네이드 재료와 함께 섞는다. 슬라이스한 구운 비트를 넣고 보관 용기에 담아 24시간 동안 냉장 보관한다.

건자두는 끓는 물에 5분간 불린 다음 물기를 빼고 긴 조각으로 자른다. 사워크라우트는 너무 길면 적당한 길이로 썰어 둔다.

마리네이드한 비트, 양배추, 건자두, 삶은 콩을 볼에 넣고 섞는다. 드레싱 한 뒤 접시에 담고 허브로 장식한다.

/ 물에 잠긴 통조림 콩도 사용할 수 있다.

/ 사워크라우트가 너무 시면 흐르는 물에 여러 번 헹궈 신맛을 제거한다.

Green beans

로파트키(그린빈스 요리)

- 그린빈스(줄콩) 300g
- 스메타나 60g
- 달걀 1개
- 코티지 치즈 100g
- 훈제 햄 80g
- 양파 60g
- 당근 40g
- 소금 4g
- 간 후추 1g
- 버터 50g

그린빈스는 깨끗이 씻어 꼬리 부분을 잘라 내고 섬유질을 제거한다. 콩이 익은 정도에 따라 약 15분 정도 물에 삶는다. 어린 그린빈스는 5분, 더 익은 그린빈스는 더 오래 삶는다. 체에 건져 흐르는 물에 식힌다.

당근과 양파는 껍질을 벗긴다. 당근은 촘촘한 강판을 사용해 갈고, 양파는 잘게 다진다. 버터를 프라이팬에 녹인 뒤 양파를 넣고 2분간 볶는다. 당근을 넣고 계속 볶아 1분 더 익힌다. 그린빈스을 넣고 소금으로 간한 다음 오븐용 접시에 옮긴다.

그린빈스를 얇게 썬 훈제 햄으로 덮는다. 달걀과 스메타나를 섞고 소금과 후추로 간한 뒤 훈제 햄 위에 붓고, 그 위에 손으로 으깬 코티지 치즈를 뿌린다. 180℃ 오븐에서 10분 동안 굽는다.

이 요리는 훈제 햄을 빼면 비건식으로 만들 수 있다. 어린 그린빈스(쉽게 부러지고 속이 투명함)를 요리하는 경우에는 삶지 말고 야채를 볶을 때 함께 넣어 볶는다.

Beans with ceps

포르치니 버섯과 콩

- 건조 포르치니 버섯 50g
- 삶은 콩 240g
- 방울토마토 100g
- 식물성 기름 30g
- 마늘 10g
- 버터 30g
- 설탕 20g
- 소금 3g

소스

- 버터 100g
- 신선한 타임 2g
- 밀가루 20g
- 우유 70g
- 소금 1g

• **소스** 버터를 소스팬에 넣고 부드러워지면 거품기로 젓는다. 밀가루를 넣고 잘 섞는다. 우유를 조금씩 넣고 소금으로 간한 뒤 소스가 걸쭉해질 때까지 계속 젓는다.

방울토마토에 칼집을 넣고 끓는 물에 10초간 데친 뒤 찬물에 넣어 껍질을 벗긴다. 프라이팬에 버터를 녹인 다음 설탕을 넣고 계속 저어 주면서 불을 높이고 방울토마토를 넣어 캐러멜화한다. 방울토마토를 종이 타월에 올려 여분의 기름을 제거하고 두드려 말린다.

건조 포르치니 버섯을 물에 10분간 불린 뒤 헹구고, 너무 크면 자른다. 끓는 물에 소금을 넣고 10분간 익힌다. 기름에 약 5분간 볶고 소금으로 간한 뒤 삶은 콩과 다진 마늘을 넣고 1분 더 볶은 다음 방울토마토를 넣는다.

접시에 크림 소스를 담고 콩, 포르치니 버섯, 토마토를 넣은 뒤 신선한 타임으로 장식한다.

/ 시판용 삶은 콩을 사용하거나 포르치니 버섯 대신 다른 종류의 버섯을 사용해도 된다. 사진은 절인 뽕나무 버섯을 사용한 것이다. 하지만 강한 풍미를 원한다면 포르치니 버섯을 사용하는 것이 좋다.

/ 우크라이나에서는 야씨카(*яська*) 또는 야씨코(*ясько*)로 알려진 큰 흰콩을 사용한다. 이 콩은 옅은 단맛이 나는 다육질 콩이다.

Ukraine. Food and History

Section II.

Baked potatoes

구운 감자

1 ☆ / ✎ / 2 🥣 / 🔲 / ▱ / ▯ / 🧂 /

45 m~1 h ⏰ / 4 🧍 / 🌿

- 작은 감자 1kg(9~12개)
- 신선한 타임 20g
- 소금 20g
- 후추 믹스 10g
- 해바라기씨유(또는 수제 대마씨유) 100g
- 마늘 25g
- 신선한 딜 20g
- 스메타나 200g
- 차이브

작은 감자는 깨끗이 씻어 흙을 제거하고 물기를 닦아 낸다. 기름을 넣어 드레싱하고(레시피에 있는 기름의 1/4 사용), 소금과 후추로 간한 다음 타임 줄기를 넣어 15~25분 정도 재워 둔다. 베이킹 팬에 올려 200℃ 오븐에서 40분간 굽는다.

마늘은 껍질을 벗기고 신선한 딜과 함께 다진 뒤, 약간의 기름을 넣는다. 풍미가 깊어지도록 몇 분간 그대로 둔다.

접시에 스메타나를 담고 그 위에 구운 감자를 올린다. 각각의 감자에 +자로 칼집을 넣은 뒤 향이 좋은 마늘과 딜 오일을 뿌린다. 차이브로 장식한다.

Roast vegetables

구운 야채

1 ☆ / ✎ / ▽ / ▦ / ▱ / ▯ /

50 m~1 h ⏱ / 4 ⚲ / ∅

- 양배추 400g
- 비트 200g
  (1개 또는 작은 비트 2개)
- 당근 100g(1개)
- 양파 100g(1개)
- 주키니호박 150g(2개)
- 토마토 150g(2개)
- 셀러리 100g
- 피망 150g(1개)
- 마늘 65g
- 소금 10~15g
- 후추 2~3g
- 타임 15g
- 대마씨유 75g

야채는 무작위로 썬다. 소금, 타임, 기름을 섞은 뒤 야채에 넣고 30분간 재운다. 베이킹 페이퍼를 깐 베이킹 팬에 야채를 올려 200~220℃오븐에서 40분 동안 굽는다. 야채에 바삭한 크러스트가 생기도록 마지막에 그릴로 전환할 수 있다.
완성된 야채에 대마씨유를 살짝 뿌린다.

/ 스메타나 소스와 신선한 허브로 맛을 낸 홀스래디시 소스는 구운 야채와 잘 어울린다.

Varenyky with salty soft cheese and smoked smetana dressing

훈제 스메타나 드레싱을 곁들인 짭짤한 코티지 치즈 바레니키

반죽

- 우유 60g
- 버터(유지방 82.3%) 30g
- 달걀 1~2개
- 밀가루 130g
- 설탕 3g
- 소금 3g

소

- 고지방 함량의
  수제 코티지 치즈 200g
- 신선한 딜 10g
- 소금(취향에 따라)

훈제 스메타나 드레싱

- 훈제 베이컨 또는 햄 20g
- 스메타나 60g

치즈 소스

- 코티지 치즈 20g
- 크림(유지방 30%) 100g

훈제 스메타나 드레싱을 준비한다. 훈제 베이컨 또는 햄을 썰어 스메타나와 함께 그릇에 넣고 랩으로 덮어 2시간 동안 그대로 둔다.

• **소** 코티지 치즈와 다진 딜을 섞고 소금으로 간한 뒤 블렌더로 간다.

• **치즈 소스** 크림을 끓여 불에서 내리고 손으로 으깬 코티지 치즈를 넣는다. 걸쭉하고 부드러워질 때까지 거품기로 저어 주고 소금으로 간한다.

• **반죽** 우유를 냄비에 붓고 버터, 소금, 설탕을 넣어 끓인다. 불을 줄이고 밀가루의 반만 조금씩 넣어 가며 반죽이 걸쭉해질 때까지 저어 준다. 반죽은 매끄러운 공 모양이 되어야 하고, 냄비 바닥에 묻은 반죽은 약간 노릇노릇한 껍질을 형성해야 한다. 불을 끄고 계속 저어 준다. 65~70℃로 식으면 달걀을 하나씩 넣으면서 뒤섞는다. 2분 더 저은 뒤 나머지 밀가루를 넣고 5분 더 반죽을 치댄다. 반죽을 젖은 천으로 덮어 1시간 동안 냉장고에 넣어 둔다. 냉장고에서 꺼내 3~5㎜ 두께로 밀어 편다. 커터나 컵을 사용하여 반죽을 동그랗게 잘라 낸다. 잘라낸 각각의 반죽에 소를 넣고 가장자리를 붙여 바레니키를 만든 다음 밀가루를 뿌린 도마에 올려 놓는다. 소금을 조금 넣은 끓는 물에 바레니키를 넣고 물 위로 떠오를 때까지 익힌다. 그릇에 바레니키와 스메타나를 담고 치즈 소스로 드레싱한다.

/   취향에 따라 신선한 딜과 오이로 장식한다.

Twin varenyky with potatoes and wild mushrooms

감자와 야생 버섯을 넣은 트윈 바레니키

반죽

- 물 100g
- 밀가루 250g
- 소금 3g

버섯 소

- 양파 80g
- 신선한 꾀꼬리버섯(샹트렐 버섯) 60g
- 느타리버섯 50g
- 해바라기씨유 20g
- 간 소금과 후추(취향에 따라)

감자 소

- 감자 100g
- 간 소금과 후추

드레싱

- 스메타나 60g
- 건조 포르치니 버섯 5g
- 마리네이드한 버섯 30g
- 신선한 딜 약간

먼저, 건조 버섯을 절구나 커피 분쇄기에 갈아 버섯 가루를 만든다. 기름을 두르지 않은 프라이팬에 넣고 볶는다.

• **버섯 소** 신선한 버섯을 깨끗이 씻은 뒤 기름을 두른 뜨거운 프라이팬에 볶는다. 양파를 넣고 황금색이 될 때까지 볶는다. 소금, 후추로 간하고 블렌더로 부드럽게 간다. 소는 간 것처럼 입자가 작아야 하지만 한 덩어리로 뭉쳐져야 한다.

• **감자 소** 감자는 껍질을 벗기고 잘게 썰어 부드러워질 때까지 삶는다. 삶은 감자는 물기를 빼고 체에 밭쳐 으깬다. 소금, 후추로 간한다.

• **반죽** 소금을 물에 녹인 뒤 밀가루를 넣는다. 믹서로 약간 건조하고 부슬부슬한 상태가 될 때까지 믹싱한다. 반죽을 비닐 봉지에 넣고 20분 정도 냉동실에 넣어 둔다. 다시 반죽을 믹서에 넣고 부드럽게 될 때까지 계속 믹싱한다. 준비된 반죽을 3~5㎜ 두께로 밀어 편다. 컵이나 커터를 사용하여 잘라 낸 반죽에 감자 소와 버섯 소를 각각 넣어 두 종류의 바레니키를 만든다.

감자 소가 들어간 바레니키 한 개와 버섯 소가 들어간 바레니키 한 개를 붙인다. 준비된 바레니키를 밀가루를 뿌린 도마에 올려 놓는다. 소금을 조금 넣은 끓는 물에 3~5분 삶아 바레니키가 물 위로 떠오를 때까지 익힌다. 바레니키와 스메타나를 접시에 담고 포르치니 버섯 가루를 뿌린 뒤 마리네이드한 버섯을 넣는다. 딜로 장식한다.

/ 신선한 야생 버섯을 사용하는 것이 좋다. 바레니키는 한입 크기로 만든다. 한입 크기로 만들면 맛도 좋고 먹기도 쉽다.

Meat borshch

고기 보르슈치

2 ☆ / ＼ / 🔪 / 🍲 / 🍳 / 🥄 / ▦ / ▭ /

🧂 / 2 h 🕐 / 4~6 👤

- 감자 300g(1~2개)
- 돼지갈비 800g
- 당근 50g(1/2개)
- 비트 100g(1개)
- 양파 60g(1개)
- 양배추 70g
- 콩 40g
- 마늘 20g
- 토마토 페이스트 20g
  (또는 생토마토 1개)
- 설탕 40g
- 사과식초 10g
- 월계수 잎 1~2개
- 훈제 배 1개
- 해바라기씨유 50g
- 물 2ℓ
- 소금과 후추(취향에 따라)

돼지 갈비와 콩에 물을 붓고 약불에서 1시간 정도 끓여 육수를 만든다. 비트와 감자를 씻어 베이킹 팬에 넣고 오븐에서 통째로 굽는다. 당근은 얇게 썰어 육수에 넣는다. 구운 비트와 감자는 껍질을 벗긴다. 양파는 다진 다음 토마토 페이스트, 설탕, 식초와 함께 기름에 볶는다. 감자는 으깨고 비트는 길게 썬다. 모든 재료를 보르슈치에 넣는다.

얇게 썬 양배추와 월계수 잎을 넣고 약불로 30분간 끓인다.

보르슈치가 완성되기 전에 훈제 배 한 개와 다진 마늘을 넣는다. 한 번 더 끓인 뒤 불에서 내려 보르슈치가 잘 숙성되도록 그대로 둔다.

스메타나와 다진 허브를 곁들여 낸다.

/ 콩을 물에 하룻밤 담갔다 사용하면 조리 시간을 단축할 수 있다.

Lenten borshch

비건 보르슈치

2 ☆ / 🔪 / 🔪 / 🍲 / ♨ / 🥄 / 🧂 / 1 h 30 m ⏰ / 4~6 👤 / 🌿

- 감자 300g(1~2개)
- 당근 50g(1/2개)
- 비트 100g(1/2개)
- 양파 60g(1개)
- 양배추 70g
- 콩 40g
- 마늘 20g
- 토마토 페이스트 20g
  (또는 신선한 토마토 1개)
- 설탕 40g
- 식초 10g
- 월계수 잎 1~2개
- 건자두 혹은 훈제 배 20g
- 비트 주스(비트를 갈거나
  주서로 착즙) 200g
- 해바라기씨유 50g
- 콩 삶은 물 2ℓ
- 소금과 후추(취향에 따라)

물에 콩을 넣고 끓여 거의 익을 정도로 익힌다. 콩의 크기와 종류에 따라 조리 시간이 달라지니, 야채를 넣기 전에 콩이 완전히 익지 않도록 주의한다.

비트, 당근, 양파는 씻어서 껍질을 벗긴다. 비트는 길게 썰어 식초와 설탕에 30분 동안 재워 둔다. 당근은 얇게 썰어 다진 양파와 함께 해바라기씨유에 볶다가 재워 둔 비트, 토마토 페이스트 또는 다진(되도록 껍질을 벗긴) 토마토, 다진 마늘을 넣고 조금 더 볶는다.

다진 감자를 콩 삶은 물에 넣고 슬라이스한 양배추, 볶은 야채, 월계수 잎을 넣은 뒤 소금, 후추로 간해 약한 불에서 익을 때까지 끓인다.

보르슈치가 완성되기 전에 비트 주스와 말린 과일을 넣는다. 한 번 더 끓인 뒤 바로 불에서 내린다. 최소 2~3시간 동안 숙성시킨다.

비건식 소
- 말린 포르치니 버섯 50g
- 양파 150g
- 소금 3g
- 식물성 기름 40g

비건식 만두 반죽
- 밀가루 250g
- 물 120g
- 소금 2g
- 식물성 기름 5g

고기소
- 삶은 감자 100g
- 건자두 20g
- 다진 돼지고기 100g
- 소금 3g
- 간 후추 1g

고기만두 반죽
- 밀가루 250g
- 물 60g
- 달걀 1개
- 소금 2g

Borshch with mini-dumplings

미니 만두 보르슈치

- 물 2ℓ
- 훈제 양지머리 300g
- 포르치니 버섯(육수 대체용) 100g
- 신선한 비트 주스(비트를 갈거나 주서로 착즙) 150g
- 당근 70g
- 감자 250g
- 양파 70g
- 양배추 150g
- 마늘 20g
- 식초 10g
- 소금 10g
- 설탕 10g
- 식물성 기름 50g
- 신선한 딜 10g
- 토마토 주스 500g

야채를 씻고 껍질을 벗긴다. 고기 보르슈치를 만들 때는 훈제 양지머리와 물을 넣고, 비건식인 경우에는 고기 대신 말린 포르치니 버섯을 넣는다. 고기는 2시간, 버섯은 40분 동안 약한 불에서 끓인다. 육수를 걸러 내고 훈제 양지머리는 빼낸다. 버섯은 얇게 썰어 버섯물에 다시 넣는다.

감자는 1×1㎝ 정육면체로 썰고, 당근은 껍질을 벗겨 반달 모양으로 썰고, 양배추는 1.5×1.5 정사각형으로 썬다. 양파도 정육면체로 썰어 식물성 기름에 볶다가 다진 마늘을 넣는다. 감자, 당근, 양배추, 양파를 마늘과 함께 육수 또는 버섯물에 넣는다. 토마토 주스를 프라이팬에 넣고 천천히 끓여 양이 절반으로 줄어들면 보르슈치에 넣고 40분 동안 천천히 끓인다. 보르슈치가 완성되기 5분 전에 비트 주스, 식초, 설탕을 넣고 소금으로 간을 맞춘다.

• 고기만두 소 모든 재료를 고기 분쇄기로 간다.

• 버섯만두 소 물에 버섯을 넣고 30분 동안 끓인 다음 건져 낸다. 양파는 정육면체로 썰어 식물성 기름에 볶는다. 버섯과 양파에 소금을 넣고 고기 분쇄기나 블렌더로 간다.

모든 반죽 재료를 섞어 탄력 있는 반죽을 만든다. 1㎜ 두께로 밀어 펴 2.5~3㎝ 크기의 정사각형으로 잘라 낸다. 스푼으로 가운데에 소를 넣고 모서리를 맞붙여 삼각형 모양을 만든 뒤 가장자리를 붙여 미니 만두를 완성한다. 소금을 약간 넣은 끓는 물에 만두를 넣고 익힌다. 물이 끓으면 약불에서 5분간 끓인다. 보르슈치를 그릇에 담고 7개의 미니 만두를 넣는다(더 많이 넣어도 된다). 잘게 썬 딜을 뿌리고 비건식 보르슈치가 아닌 경우에는 1스푼의 스메타나를 넣는다.

채수
• 물 800g
• 당근 20g(1/2개)
• 양파 25g(1/4개)
• 파슬리 뿌리 15g
• 셀러리악 10g
• 파스닙 15g
• 껍질을 벗기지 않은 풋마늘 5g
• 월계수 잎 1g
• 소금 3g

육수
• 물 800g
• 뼈 없는 돼지고기 100g
• 월계수 잎 1g
• 양파 50g(1/2개)
• 당근 30g(1/2개)
• 소금 3g

Green borshch

녹색 보르슈치

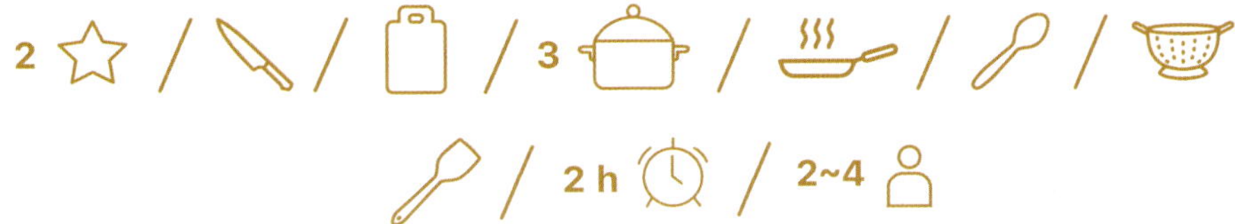

2 ☆ / ⟋ / 🪚 / 3 🍲 / 🍳 / 🥄 / ⛏

🍴 / 2 h ⏰ / 2~4 👤

공통 재료

- 햇감자 100g(4~5개)
- 당근 40g(1/2개)
- 시금치 40g
- 쐐기풀 20g
- 양파 50g
- 버터 30g
- 크림(유지방 30%) 70g
- 소금 5g
- 설탕 4g
- 간 후추 1g
- 사과식초 5g

장식

- 삶은 달걀 1개
- 스메타나 50g
- 파 10g
- 산시금치 40g

• **채수** 채소를 씻어(자르거나 껍질을 벗길 필요는 없음) 냄비에 넣고 물을 부은 뒤 뚜껑을 닫고 약불에서 약 1시간 동안 끓인다. 나중에 사용할 수 있도록 많은 양을 준비해 일부를 냉동할 수도 있다. 채수 없이 보르슈치를 만드는 것도 가능하지만 풍미가 덜할 수 있다.

• **육수** 고기와 껍질을 벗긴 통야채에 물을 붓고 월계수 잎과 소금을 넣은 뒤 약불에서 40분 동안 뭉근하게 끓인다. 야채는 버리고 고기는 나중에 사용할 수 있도록 보관한다.

육수를 끓이다가 껍질 벗긴 감자를 넣는다. 당근도 껍질을 벗겨 반달 모양으로 썬 뒤 육수에 넣고 15분간 끓인다. 잘게 썬 양파를 버터에 볶아 육수에 넣고 크림을 약간 붓는다. 쐐기풀은 끓는 물에 5분간 삶고 체에 밭쳐 찬물로 헹군 뒤 남은 물기를 제거한다. 쐐기풀과 씻은 시금치를 잘게 썰고, 익힌 돼지고기를 1×1㎝ 정육면체로 썰어 보르슈치가 완성되기 5분 전에 넣는다. 소금, 후추로 간하고 설탕과 식초를 넣는다.

완성된 보르슈치를 그릇에 담은 뒤 신선한 산시금치를 잘게 썰어 올리고, 삶은 달걀 반 개와 스메타나 1스푼을 얹는다. 잘게 썬 파를 뿌려 장식한다.

/ 비건식 녹색 보르슈치는 고기, 버터, 스메타나, 달걀을 사용하지 않고 채수를 사용하며, 비유제품 크림을 첨가한다. 우크라이나에서는 전통적으로 산시금치로 보존식품을 만드는데, 보르슈치가 완성되기 5~10분 전에 이 산시금치를 넣는다.

VYACHESLAV POPKOV
inspired by Kateryna Kalyuzhna's recipe

Borshch with catfish

메기 보르슈치

2 ☆ / 🔪 / 🔪 / 2 🍲 / 🍳 / ▭ / ▱ / 🍹 /

🧂 / 🥄 / 🍴 / 마리네이드 3~4일 / 2 h~2 h 30 m ⏰ / 4 👤

보르슈치

- 메기 1kg
- 콩 50g
- 파슬리 뿌리 80g(1개, 또는 파스닙)
- 키오자 비트 80g(1개)
- 감자 200g(3개)
- 양파 80g(1개)
- 당근 100g(1개)
- 양배추 150g
- 토마토 80g(1개)
- 해바라기씨유 20g
- 신선한 딜 60g
- 소금, 후추 및 고춧가루(취향에 따라)

토마토소스

- 빨간 토마토 1kg
- 소금 50g

잘 익은 토마토를 4등분해 냄비에 넣고 소금을 뿌린다. 토마토와 소금을 버무린 뒤 천으로 덮고 그 위에 누름돌을 올려 토마토에서 즙이 나오도록 한다. 3~4일 동안 그대로 둔다. 이때 천은 곰팡이를 방지하기 위해 매일 새것으로 바꾼다. 토마토를 블렌더로 갈거나, 체에 누르면서 걸러 보르슈치에 넣을 토마토소스를 만든다. 소스는 며칠 동안 냉장고에서 보관할 수 있으며, 다른 요리에도 사용할 수 있다.

메기 대가리와 생선살을 오븐에 굽거나 팬에 튀긴다.

물에 콩을 넣고 삶은 뒤 잘게 자른 비트를 넣고 색이 없어질 때까지 끓인다. 통감자를 넣는다.

감자를 삶는 동안 해바라기씨유에 양파를 볶다가 당근, 파슬리 또는 파스닙을 넣고 볶는다. 야채가 다 익기 전에 껍질을 벗긴 생토마토와 150~200g의 토마토소스를 넣는다.

감자가 완전히 익기 전에 굽거나 튀긴 메기 대가리와 생선살, 볶은 야채를 넣고 마지막으로 양배추를 얇게 썰어 넣는다.

보르슈치가 완성되기 전에 감자를 으깨고 소금, 후추로 간한다. 20분 동안 숙성시킨 뒤 매운 고춧가루와 다진 딜을 뿌려 낸다.

Chicken soup with home-made noodles

수제 누들로 만든 치킨 수프

2 ☆ / 2h~2h3m / 8~10

육수

- 물 3ℓ
- 유기농 닭고기 1.2~1.3kg
- 당근 150g(1개)
- 양파 120~150g(2개)
- 통후추 10g
- 셀러리악 75g
- 신선한 파슬리 25g
- 월계수 잎 3~4개
- 소금 10~15g

누들(면)

- 밀가루 250~300g
- 달걀 3개
- 식물성 기름 30g
- 소금 5g

장식

- 육수에서 건진 허브, 고기와 야채

닭고기를 찬물에 3~4시간 담갔다 씻는다. 냄비에 닭고기와 물을 넣고 끓인 뒤 거품을 제거한다. 당근, 양파, 셀러리악을 반으로 잘라 파슬리와 함께 육수에 넣는다. 소금, 통후추와 월계수 잎을 넣고 뚜껑을 닫은 뒤 약불에서 1.5~2시간 동안 고기가 뼈에서 떨어질 때까지 끓인다.

달걀에 소금을 넣고 푼 뒤 체 친 밀가루와 기름을 넣고 탄력성 있는 반죽이 될 때까지 치댄다. 천으로 덮어 25분 동안 그대로 둔다. 반죽을 얇게 편 뒤 가늘게 썰어 면을 만들고, 별도의 냄비에 육수나 물을 부어 면을 삶는다.

육수와 면을 그릇에 담고, 닭고기를 넣은 뒤 다진 허브로 장식한다.

/ 맑은 닭고기 육수를 만들려면 준비된 육수를 고운 체나 베 보자기에 걸러 낸다. 육수는 약한 불에서 끓여 거품을 걷어 내는 것이 좋다.

/ 요리하기 전까지 면은 천에 펼쳐서 건조시킨다.

Mushroom soup

버섯 수프

2 ☆ / 🔪 / 🧴 / 2 🍲 / 🍳 / 🥄 / 🥣 / 🥄

🧂 / **2 h~2 h 30 m** ⏰ / **4** 👤 / 🌿

- 건조 포르치니 버섯 35g 또는 생버섯이나 냉동 포르치니 버섯 140g
- 물 440g + 525g
- 식물성 기름 26g
- 양파 80g(1개)
- 당근 18g(1/4개)
- 셀러리악 13g
- 밀가루 23g
- 소금 2.5g
- 통후추 0.4g
- 크림(유지방 30%) 또는 스메타나 80g(비건식일 경우 비유제품 크림)

장식
- 신선한 마늘 1쪽
- 신선한 파슬리/딜 1g

건조 포르치니 버섯은 흐르는 물에 깨끗이 씻어 여러 번 헹군 뒤 440g의 물에 1시간 동안 담가 둔다. 같은 물에 버섯을 넣고 중불에 올려 버섯을 익힌다. 아주 가는 체를 이용해 버섯물을 거른다. 버섯은 가늘게 썰어 따로 보관한다.

양파는 껍질을 벗겨 작은 정사각형으로 썰고 기름에 살짝 볶은 뒤 밀가루를 넣어 밝은 황금색이 될 때까지 계속 젓는다.

당근과 셀러리악은 씻어 껍질을 벗기고 큰 조각으로 자른다. 채소와 버섯물을 냄비에 넣고 나머지 물을 더한 뒤 다 익을 때까지 끓인다. 불에서 내려 밀가루와 볶은 양파 루를 서서히 넣으면서 루가 부드러워질 때까지 계속 젓는다.

크림이나 스메타나를 넣고 다시 끓인 뒤, 썰어 둔 포르치니 버섯을 넣고 소금과 후추로 간한다. 5~10분 동안 계속 끓인다. 수프는 걸쭉하고 부드럽고 매끄러운 질감이 되어야 한다.

다진 마늘과 딜, 파슬리로 장식해 낸다.

/ 이 수프는 할루슈키나 *галушки* 삶은 흰콩과 함께 먹으면 더욱 맛있다.

Banosh with bryndzia and pork crackling

브린자와 돼지 껍데기를 곁들인 바노쉬(옥수수 죽)

1 ☆ / ◢ / 🪧 / 🍲 / 🍳 / 🥄 / 🥣 / 🥄

1 h ⏰ / 4 👤

바노쉬
- 옥수수가루 153g
- 소금 6g
- 수제 스메타나(유지방 30%) 900g

가니시
- 슈퐁더(훈제 삼겹살 또는 숙성되지 않은 살로) 200g
- 후출 브린자 치즈 100g

스메타나를 끓여 소금으로 간한 뒤 나무 주걱으로 저으면서 옥수수 가루를 얇게 뿌려 넣는다. 계속 저어 주며 익힌다. 죽이 냄비에 달라붙지 않고 표면에 황금빛 기름 방울이 생기면 완성이다.

바노쉬는 전통적으로 갓 만든 돼지 껍데기 튀김이나 훈제 삼겹살(우크라이나어로 슈퐁더 *шпондер*)을 올리고 브린자 치즈를 뿌려서 낸다. 돼지 껍데기 튀김과 브린자 치즈는 사이드 메뉴로 낼 수도 있다.

/ 후출 브린자 치즈의 대체품을 찾는 것은 거의 불가능하다. 짠맛을 살리려면 페타 치즈 등으로 대체할 수 있다. 식감은 숙성되지 않은 부서지기 쉬운 치즈와 비슷하므로, 대체하는 치즈를 갈아 소금으로 간하면 된다.

Banosh with ceps

포르치니 버섯을 곁들인 바노쉬(옥수수 죽)

바노쉬

- 옥수수가루 153g
- 소금 6g
- 물 436g
- 크림(유지방 30%) 262g
- 스메타나(유지방 20%) 262g

포르치니 버섯과 화이트 크림 소스(루)

- 신선한 또는 냉동 포르치니 버섯 600g
- 크림(유지방 30%) 430g
- 스메타나(유지방 20%) 280g
- 밀가루 8g
- 소금 11g
- 간 백후추 0.8g
- 물 157g

포르치니 버섯과 스메타나 소스

- 신선한 또는 냉동 포르치니 버섯 600g
- 수제 스메타나(유지방 30%) 900g
- 소금 10g
- 간 백후추 0.5g
- 타임 약간

물, 스메타나, 크림을 넣고 끓인다. 옥수수가루를 얇게 뿌려 넣고 소금으로 간한다. 중불에서 나무 주걱으로 저으며 옥수수죽이 걸쭉해질 때까지 끓인다. 뚜껑을 닫고 식힌다. 금방 만든 바노쉬는 약간 묽지만, 식으면서 점차 걸쭉해진다.

• 포르치니 버섯과 스메타나 소스 버섯을 깨끗이 씻어 약간 소금을 넣은 물에 데친 뒤 식힌다. 버섯을 얇게 썬 뒤 스메타나를 넣고 중불에서 계속 저어주면서 소스가 걸쭉해질 때까지 끓인다. 소금으로 간하고 타임을 넣어 더욱 깊은 맛을 낸다. 소스를 바노쉬에 얹는다.

• 화이트 크림 소스(루) 팬에 볶은 밀가루와 물을 섞는다. 스메타나를 넣어 부드러워질 때까지 저어 주고 크림을 넣는다. 익힌 버섯을 얇게 썰어 깨끗한 팬에 넣고 여분의 물을 증발시킨다. 스메타나와 크림 소스를 팬에 서서히 넣고 소금과 후추로 간한다. 끓여서 식힌다. 이 화이트 크림 소스를 장식(가니시)으로 사용한다.

홀룹찌

- 양배추 1개(봄 양배추가 더
  좋음) 또는 절인 백양배추
  1~1.2kg
- 구운 메밀 100g
- 훈제 돼지갈비 또는 훈제
  돼지 가슴살 300g
- 다진 돼지고기 300g
- 다진 소고기(목살, 설도,
  갈빗살 또는 등심) 300g
- 양파 100g(1개)
- 당근 100g(1개)
- 껍질을 벗긴 마늘 10g
- 신선한 파슬리 20g
- 신선한 딜 20g
- 해바라기씨유 또는 라드
  30g
- 소금과 후추(취향에 따라)

소스 및 장식

- 고지방 수제 스메타나 200g
- 양파 100g(1개)
- 신선한 야생 버섯 또는 냉동
  버섯 150g
- 신선한 마늘 5g
- 해바라기씨유 30g
- 소금과 후추(취향에 따라)

Holubtsy with meat and buckwheat filling

고기와 메밀로 채운 홀룹찌

잎은 그대로 붙여 둔 채 양배추 심을 잘라 낸다. 큰 냄비에 소금물을 끓여 양배추를 완전히 담근다. 두 개의 포크를 사용하여 양배추 잎을 분리하고 약 5분 동안 부드러워질 때까지 익힌다. 양배추 잎을 식힌 뒤 각각 반으로 자른다. 칼로 딱딱한 잎맥을 제거한다.

• 소 메밀을 500㎖의 끓는 물에 넣고 뚜껑을 덮어 30~40분간 끓인다. 체에 밭쳐 물기를 뺀다.

해바라기씨유나 라드를 둘러 예열한 프라이팬에 작은 정육면체로 썬 양파를 넣고 약간 황금색이 될 때까지 볶는다. 큰 강판에 당근을 갈아 양파 볶는 팬에 넣고 2~3분간 더 볶는다.

다진 고기 두 종류를 그릇에 넣고 삶은 메밀, 볶은 양파와 당근, 다진 마늘, 허브를 넣은 뒤 소금, 후추로 간해 잘 섞는다.

양배추 잎 반쪽을 겉면이 작업대를 향하도록 펼쳐 놓는다. 잎의 가운데에 50g의 소를 넣고 잎의 가장자리를 접어 단단히 감싼다.

베이킹 접시 바닥에 훈제 돼지갈비나 훈제 가슴살을 얇게 썰어 깐다. 단단히 싼 홀룹찌를 접시 위에 쌓고, 이음매가 아래로 향하게 한다. 나머지 삶은 양배추 잎으로 홀룹찌를 덮고, 소금을 약간 넣은 차가운 물이나 육수(버섯물 또는 채수)를 부어 홀룹찌가 부분적으로 잠기도록 한다. 접시를 뚜껑이나 쿠킹 포일로 덮고 160℃ 오븐에서 1.5시간 동안 찐다.

오븐에서 홀룹찌를 꺼내 그대로 완전히 식힌다. 수제 스메타나 또는 따뜻한 버섯 소스와 함께 낸다.

• 버섯 소스 양파와 버섯을 작은 정육면체로 썰어 해바라기씨유를 두른 예열된 프라이팬에 넣고, 황금색이 될 때까지 볶는다. 스메타나와 다진 마늘을 넣고 소금과 후추로 간한다. 약한 불에서 5~7분 더 끓인다.

Holubtsy with millet and wild mushrooms

기장과 야생 버섯으로 채운 홀룹찌

홀룹찌

- 신선한 통양배추 또는 발효 양배추 1~1.2kg
- 기장 300g
- 신선한 야생 버섯(샹테렐, 포르치니, 비단그물버섯) 700g
- 양파 100g(1개)
- 껍질을 벗긴 당근 100g(1개)
- 껍질을 벗긴 마늘 10g
- 신선한 파슬리 20g
- 신선한 딜 20g
- 해바라기씨유 80g
- 소금과 후추(취향에 따라)

잎은 그대로 붙여 둔 채 양배추 심을 잘라 낸다. 큰 냄비에 소금물을 끓여 양배추를 완전히 담근다. 두 개의 포크를 사용하여 양배추 잎을 분리하고, 약 5분 동안 잎을 익힌다. 양배추 잎을 식힌 뒤 각각 반으로 자르고, 칼로 단단한 잎맥을 제거한다.

소 500㎖의 끓는 물에 기장을 넣고 뚜껑을 덮어 30~40분 동안 둔다. 체에 밭쳐 흐르는 물에 잘 헹구고 완전히 물기를 뺀다.

기장을 삶는 동안 양파를 작은 정육면체로 썰고 해바라기씨유를 두른 예열된 팬에 넣어 황금색이 될 때까지 볶는다. 큰 강판에 당근을 갈아 양파 볶는 팬에 넣고 2~3분간 더 볶는다. 버섯을 작은 정육면체로 썰어 다른 팬에 넣고 노릇노릇해질 때까지 볶는다.

삶은 기장, 볶은 양파와 당근, 볶은 버섯, 다진 마늘과 허브를 그릇에 넣고 소금, 후추로 간한 뒤 잘 섞는다.

소스

- 수제 스메타나 200g
- 양파 100g(1개)
- 신선한 야생 버섯 또는 냉동
  버섯 150g
- 신선한 마늘 5g
- 해바라기씨유 30g
- 소금과 후추(취향에 따라)

양배추 잎 반쪽을 겉면이 작업대를 향하도록 펼쳐 놓는다 잎 가운데에 50g의 소를 넣고 잎 가장자리를 접어 단단히 감싼다.

단단히 싼 홀룹찌를 베이킹 접시에 쌓고, 봉합면이 아래로 향하게 한다. 나머지 삶은 양배추 잎으로 홀룹찌를 덮고, 소금을 약간 넣은 차가운 물이나 육수(버섯물 또는 채수)를 부어 홀룹찌가 부분적으로 잠기도록 한다. 접시를 뚜껑이나 쿠킹 포일로 덮고 170℃ 오븐에서 1시간 동안 찐다.

오븐에서 홀룹찌를 꺼내 그대로 완전히 식힌다. 집에서 만든 스메타나 또는 따뜻한 버섯 소스와 함께 낸다.

• 버섯 소스 양파와 버섯을 작은 정육면체로 썰어 해바라기씨유를 두른 예열된 팬에서 황금색이 날 때까지 볶는다. 스메타나와 잘게 다진 마늘을 넣고 소금, 후추로 간한 뒤 약한 불에서 5~7분 더 끓인다.

Deruny with ceps

포르치니 버섯을 곁들인 데루니(오븐에 구운 감자전)

2

데루니

- 감자 250g(2~4개)
- 양파 30g(1/2개)
- 체 친 밀가루 30g
- 달걀 2개
- 식물성 기름 20g
- 소금과 후추(취향에 따라)

버섯 소스

- 버터 25g
- 양송이버섯 50g
- 포르치니 버섯 25g
- 양파 35g(1/2개)
- 크림 100g
- 후출 브린자 치즈 45g
- 파슬리 10g
- 소금과 후추(취향에 따라)

감자를 씻어 껍질을 벗긴 뒤 강판에 간다. 달걀과 밀가루를 넣는다. 양파의 껍질을 벗기고 강판에 갈거나 푸드프로세서로 잘게 다져서 감자와 밀가루에 넣는다. 소금, 후추로 간하고 잘 섞은 다음 팬에 믈란찌(크레이프) 모양으로 부쳐서 노릇노릇해질 때까지 익힌다.

양송이버섯과 포르치니 버섯을 잘게 다져 잘게 썬 양파와 함께 버터에 볶는다. 크림을 넣고 잠시 끓인 뒤 브린자 치즈를 넣는다.

감자전을 베이킹 접시에 담고 버섯과 치즈 소스를 부은 뒤 180°C로 예열한 오븐에서 15~20분간 굽는다. 신선한 파슬리로 장식한다.

Ukraine. Food and History

Section II.

Roast carp with buckwheat

메밀을 채워 구운 잉어

1 ☆ / / / / / / /

1 h 20 m / 2

- 신선한 잉어 1~1.2kg(1마리)
- 소금 10g
- 후추 3g
- 설탕 5g
- 해바라기씨유 25g
- 타임 5g
- 메밀 50g
- 양파 50g(1개)
- 당근 30g

스메타나와 포르치니 버섯 소스

- 스메타나 100g
- 우유 50g
- 포르치니 버섯 45g
- 양파 25g(1개)
- 마늘 10g
- 버터 25g
- 허브 5g

신선한 잉어는 찬물로 깨끗하게 헹궈 비늘을 벗기고 내장을 제거한다. 다시 한번 헹군 뒤 기름, 소금, 후추, 설탕, 타임 잎을 섞어 문지른다. 30분 동안 그대로 둔다.

메밀은 미리 삶아 둔다. 양파와 당근은 껍질을 벗기고 작은 조각으로 잘라 기름에 볶은 뒤 미리 삶아 놓은 메밀과 섞는다.

잉어를 볶은 야채와 메밀로 채우고, 베이킹 팬에 넣어 200~220℃에서 약 30분 동안 굽는다.

• **스메타나와 송로버섯 소스** 버터에 잘게 다진 송로버섯을 볶은 뒤 양파와 마늘을 넣고, 스메타나와 우유를 부어 소스가 걸쭉해질 때까지 끓인다. 다진 허브를 뿌려 구운 잉어와 함께 낸다.

Roast duck with millet porridge

삶은 기장을 곁들인 구운 오리

2 ☆ / 🔪 / 🔲 / 🍲 / 🍳 / 🥣 / ▱ / ▭ / ▯

🧂 / 🥄 / 🍴 / **3 h** ⏰ / **4~5** 👤

Ukraine. Food and History

오리구이

- 전체 오리 또는 반 마리 오리 1.2~1.3kg
- 로즈메리 5g
- 식물성 기름 25g
- 드라이한 화이트와인 100㎖
- 꿀 75g
- 풋사과 200g
- 버터 25g
- 설탕 50g
- 소금과 후추(취향에 따라)

죽

- 기장 200g
- 소금(취향에 따라)

장식

- 말린 타트체리 20g
- 차이브 또는 파 5g

오리는 흐르는 찬물에 깨끗이 씻어 안을 털어 내고 여분의 지방을 제거한다. 필요하면 오븐에 불을 붙여 오리 털을 태운다. 다시 씻어 물기를 완전히 없앤다. 오리 껍질과 안쪽에 포도주를 바른다. 소금, 후추, 로즈메리 잎을 섞어 오리 표면에 문지른다. 2시간 동안 재우고 오일을 살짝 발라 베이킹 슬리브에 넣는다(또는 쿠킹 포일에 싼다). 예열된 오븐에 넣고 180~200℃에서 오리 크기에 따라 60~90분간 굽는다. 완성되기 10~15분 전에 베이킹 슬리브를 열어(또는 쿠킹 포일을 풀어) 오리 표면에 국물로 끼얹고 꿀을 발라 노릇노릇해질 때까지 굽는다.

사과를 6등분으로 자르고 씨를 제거한 뒤, 버터에 넣고 설탕을 약간 뿌려 캐러멜화한다. 오리를 통째로 요리하는 경우에는 신선한 사과에 꿀을 뿌려 오리 안에 넣고 굽는다. 오리가 익는 동안 약간의 소금을 넣은 물에 기장을 넣고 끓인다.

반 마리 또는 통오리를 접시에 담는다. 구운 사과와 삶은 기장을 곁들이고. 말린 타트체리와 파로 장식한다.

/ 신맛이 나고 수분이 많으며 식감이 단단한 사과를 사용하는 것이 좋다.

/ 오리는 야생 베리로 만든 새콤달콤한 소스와 함께 먹으면 더욱 맛이 좋다.

/ 기장은 삶기 전에 흐르는 찬물에 깨끗이 씻는다.

Section II.

Minced fish cutlets with tomatoes

토마토를 곁들인 다진 생선 커틀릿

2 ☆ / / / / 2 / / /

/ / 40~50 m / 2

- 민물생선 필레 300g
- 달걀 2개
- 우유 50g
- 흰빵 40g
- 크림 50g
- 해바라기씨유 40g
- 양파 60g(1개)
- 토마토 200g(2개)
- 신선한 코리앤더 20g
- 토마토 주스 120g
- 소금과 후추(취향에 따라)

양파 반 개의 껍질을 벗겨 작은 정육면체로 썰고 기름에 볶는다. 흰빵을 우유에 담가 둔다. 생선 필레, 볶은 양파, 우유에 적신 빵, 크림을 함께 넣고 소금, 후추로 간을 맞춘다. 모든 재료를 블렌더로 곱게 간다. 달걀의 흰자와 노른자를 분리하고, 흰자를 단단한 픽이 생길 때까지 휘핑해 생선 반죽에 넣는다. 노른자는 따로 넣는다. 이 생선 반죽으로 생선 커틀릿을 빚어 프라이팬에 넣고 살짝 튀긴다.

토마토는 껍질을 벗겨 씨를 제거하고 잘게 썬 뒤, 남은 양파 반 개와 함께 기름에 볶는다. 토마토 주스를 넣고 간을 맞춘다. 소스를 커틀릿 팬에 붓고 20~25분 동안 끓인다. 오븐에 굽고 싶다면 접시에 옮겨 담고 180~200℃로 20~25분 동안 굽는다.

다진 신선한 코리앤더로 장식한다.

/ 토마토 껍질을 쉽게 벗기려면, 밑부분에 X자 모양으로 칼집을 내고 끓는 물에 몇 초 동안 담가 둔다.

/ 이 요리에 어울리는 민물생선으로는 메기, 민물농어, 강꼬치고기, 또는 다른 종류의 흰살생선이 있다.

Chicken Kyiv

치킨 키이우(또는 키이우식 치킨)

치킨 키이우

- 닭 가슴살 300g
- 버터 50g
- 신선한 딜과 파슬리 4g
- 마늘 2g
- 밀가루 40g
- 달걀 6개
- 거친 흰빵 1개
- 기름 3g
- 소금과 후추(취향에 따라)

가니시

- 느타리버섯 60g
- 포르치니 버섯 60g
- 표고버섯 60g
- 꾀꼬리버섯 60g
- 적양파 60g(1/2개)
- 해바라기씨유 30g
- 밀가루 1g
- 드라이한 화이트와인 120g
- 버터 120g
- 마늘 2g
- 신선한 딜과 파슬리 4g
- 소금과 후추(취향에 따라)

빵의 껍질을 벗기고, 빵 반쪽을 6~8mm 크기의 정육면체로 자른다. 자른 빵 조각을 베이킹 팬에 펼치고, 80℃ 오븐에서 2시간 동안 구워 크루통을 만든다. 나머지 반쪽은 분쇄기나 블렌더를 이용하여 빵가루를 만든다.

닭 가슴살을 소금, 후추로 간해 고기분쇄기로 간다. 4등분해 공 모양으로 둥글리고 손바닥으로 살짝 눌러 납작하게 만든다. 가운데에 버터 한 조각과 다진 허브, 얇게 자른 마늘을 놓는다. 버터가 가운데에 위치하도록 접고 다시 공 모양으로 만든다. 1~2시간 냉동한다.

닭고기 공에 밀가루를 묻힌 뒤 빵가루를 섞은 달걀에 굴리고, 다시 달걀을 입힌 뒤 크루통에 굴린다. 크루통이 잘 붙도록 꽉 쥐어 준 뒤 30분간 냉동한다.

오븐을 170℃로 예열한다. 냉동한 치킨 키이우를 꺼내 붓으로 기름을 바르고 베이킹 팬에 올려 170℃에서 20분간 굽는다.

· **가니시** 버섯을 얇게 잘라 프라이팬에 볶는다. 얇게 자른 적양파와 마늘을 넣고 와인을 붓는다. 알코올이 증발할 때까지 기다렸다가 밀가루를 넣는다. 잘 섞고 30g의 물을 넣는다. 3~5분 동안 끓인다. 소스가 증발하면 더 많은 물을 넣는다. 버터를 넣고 소금, 후추로 간한 뒤 다진 허브를 뿌린다. 걸쭉해질 때까지 계속 젓는다.

접시에 가니시를 담고 그 위에 치킨 키이우를 올린다.

/ 전통적인 치킨 키이우 레시피에는 뼈 있는 닭 가슴살도 사용할 수 있다.

Roast pork

구운 돼지고기

2 ☆ / ◣ / 🫙 / ⌣ / 🥄 / ▦ / 2 ▭ / ▯ /

5 h ⏱ / 4 👤

- 돼지고기 1.5kg
- 양파 500g(4~5개)
- 마늘 20g
- 식초 20g
- 꿀 20g
- 고추 40g
- 소금 15g
- 간 후추 3g

마늘을 다져 식초와 꿀을 섞고 다진 고추를 넣은 뒤 소금, 후추로 간한다. 이 양념을 돼지고기에 문지른다. 양파를 링으로 썰고, 양파의 절반을 베이킹 팬 바닥에 깐다. 돼지고기를 양파 위에 올리고 나머지 양파로 덮은 뒤 랩으로 단단히 싸서 4시간 동안 숙성시킨다. 가끔씩 고기를 뒤집어 준다.

오븐을 220℃로 예열한다. 양파를 제거한 돼지고기를 깨끗한 베이킹 팬에 옮겨 담고 15분간 굽는다. 로스트에 고기 재운 국물을 끼얹고 온도를 180℃로 낮춰 다시 20~25분 동안 구우면서 가끔씩 돼지고기에 국물을 끼얹어 준다.

/ 고기를 24시간 전에 미리 재워 두어도 된다.

Stewed ribs with plums

자두를 곁들인 갈비찜

2 ☆ / ⌇ / 🧴 / 2 🍳 / 🥣 / 🥄 / ▦ / 2 ▢ / 📄 / 🫗 / 🧂 / 2~3 h ⏰ / 4 👤

- 돼지갈비 800g
- 해바라기씨유 80g
- 토마토 주스 200g
- 설탕 30g
- 버터 50g
- 마늘 40g
- 자두 160g
- 꿀 50g
- 타임 10g
- 양파 60g(1/2개)
- 배 120g(1개)
- 파슬리 20g
- 민트 10g
- 고추 10g
- 토마토 80g(1개)
- 사과식초 20g
- 소금과 후추(취향에 따라)

소금, 후추를 섞어 돼지 갈비에 문지르고 다진 마늘, 기름, 토마토 주스를 넣어 1~2시간 동안 재워 둔다.

자두를 얇게 썰어 버터에 볶고 설탕을 넣은 뒤 불을 고온으로 올려 캐러멜화한다. 자두를 그릇에 담고 불이 서서히 타는 타임 가지를 넣은 뒤 뚜껑이나 접시로 그릇을 덮는다. 타임 가지가 타면서 자두에 약간 훈연 향이 입혀진다.

토마토는 껍질을 벗기고 씨를 제거한 뒤 약간의 기름을 두른 프라이팬에 볶는다. 잘게 썬 양파와 캐러멜화한 자두를 넣고 꿀을 넣은 다음 블렌더로 부드럽게 간다.

먼저, 재운 갈비를 노릇노릇하게 튀긴 뒤 블렌더에 간 자두 소스를 바르고 익을 때까지 30~40분간 찐다.

배는 껍질을 벗겨 작은 정육면체로 썰고, 고추와 잘게 썬 민트잎을 넣어 잘 섞은 뒤 사과식초를 넣는다.

갈비찜을 접시에 담고 캐러멜화한 자두와 배 소스를 뿌린다. 파슬리 잎으로 장식한다.

Pot roast

돼지고기 팟 로스트

1 ☆ / / / / / / 2 / /
/ 1h / 4

- 감자 200~250g(3~4개)
- 양파 50g(1/2개)
- 당근 50g(1개)
- 딜 5g
- (뼈 없는) 돼지고기 150g
- 해바라기씨유 20g
- 밀가루 25g
- 버터 15g
- 건과일 20g
- 소금과 후추(취향에 따라)

감자는 껍질을 벗겨 중간 크기의 정육면체로 썰고 당근과 양파도 적당한 크기로 썬다. 해바라기씨유를 두른 프라이팬에 야채를 넣고 센 불로 볶는다. 자른 돼지고기와 미리 물에 불려 놓은 건과일을 넣는다. 계속 익힌 뒤 소금과 후추로 간한다.

밀가루는 기름 없이 볶아 견과류 향이 나도록 한다. 버터와 볶은 고기의 육즙을 넣고 잘 섞어 덩어리 없이 걸쭉한 루를 만든다.

볶은 야채와 돼지고기를 냄비나 베이킹 팬에 넣고, 루를 넣어 180~200℃로 예열된 오븐에서 40~50분간 굽는다.

완성된 돼지고기 로스트를 접시에 담고 잘게 썬 딜을 뿌린다.

Roast leg of lamb with herbs

허브 양다리구이

2 ☆ / 🔪 / 🧂 / 🔪 / 🥣 / 🍶 / 🔲 / 2 ▱ /

▱ / 🧵 / 🍢 / 📄 / 2 h 30 m ~ 3 h ⏰ / 8 👤

- 양고기(뼈 없는 양 다릿살 또는
  양 어깻살) — 1.35kg

마리네이드
- 로즈메리 15g
- 타임 3g
- 마늘 31g
- 간 후추 1.5g
- 코리앤더 1g
- 마조람 1g
- 간 월계수 잎 1g
- 소금 18g
- 해바라기씨유 15g

야채
- 껍질을 벗긴 당근 100g(2개)
- 셀러리악 50g
- 셀러리 줄기 100g
- 양파 150g(1~2개)
- 통마늘 110g
- 월계수 잎 0.5g
- 신선한 로즈메리 3g
- 신선한 타임 2g
- 해바라기씨유 30g
- 파슬리/딜 줄기
- 소금(취향에 따라)

양고기는 지방을 제거하고 칼로 칼집을 낸다. 로즈메리와 타임 잎은 줄기에서 떼어 놓는다. 다진 마늘, 녹색 허브, 향신료, 기름을 블렌더나 절구로 부드럽게 갈아 깨끗이 손질한 양고기에 문지른다. 고기를 말아서 조리용 실로 묶은 뒤 12시간 동안 마리네이드한다.

야채를 비스듬히 1~1.5㎝ 두께로 썰어 소금으로 간한다. 베이킹 페이퍼를 깐 베이킹 팬에 야채와 허브를 넣고, 마르네이드한 고기를 올린 다음 기름을 뿌린다. 220℃에서 20분 동안 황금색이 될 때까지 굽고, 온도를 200℃로 낮추어 20분 더 익힌다. 로스트를 쿠킹 포일로 싸서 베이킹 팬에 넣고, 물을 조금 더한 다음 180℃에서 60~90분 더 굽는다. 가끔씩 고기의 육즙을 로스트에 끼얹어 준다. 필요한 경우 더 많은 물을 추가한다.

고기를 나무 꼬챙이로 찔러 익었는지 확인한다. 중간 정도 익었을 때는 분홍빛 육즙이 나오고, 완전히 익었을 때는 회색 육수가 나온다. 꼬챙이가 부드럽게 들어가야 한다.

로스트를 한 후 10분 동안 그대로 둔다.

/ 야채를 곁들여 낸다.

Varenukha

바레누하(우린 과일 음료)

1 ☆ / 🫗 / 🍲 / 3~6 h ⏰ / 4 👤 / 🌿

- 시나몬가루 1.5ts
- 카다멈 씨앗 7개
- 정향 7개
- 올스파이스 7개
- 통후추 7개
- 꿀 2Ts
- 생강 10g
- 파프리카 0.5ts
- 오렌지 1개의 껍질, 말린 과일 믹스(사과, 배, 자두, 타트체리) 200g
- 물 1ℓ

건과일을 씻어 1L의 물을 붓고 끓인 뒤 따뜻한 곳에 두어 우린다. 가능하다면 몇 시간 동안 보온병에 넣어 둔다. 보온병이 없다면 30분 동안 그대로 두었다가 체에 거른다. 과일은 접시에 담아 별도로 내거나 파이 또는 다른 디저트의 필링으로 사용한다.

과일을 걸러 낸 물에 향신료를 넣고 한 번 끓인 뒤 뚜껑을 꼭 닫고 아주 약한 불로 1.5시간 동안 끓인다. 오븐에 몇 시간 동안 넣어둘 수도 있다. 끓어오르지 않도록 아주 약한 불로 천천히 끓이는 것이 중요하다.

완성되면 한 번 더 걸러 낸다. 따뜻하거나 차갑게 마신다.

Seasonal cooking

계절 요리

Olena Braichenko

올레나 브라이첸코

역사학 박사

우크라이나 계절 요리의 세계는
흥미진진한 발견의 여정이다.
우크라이나 요리의 맛, 질감,
그 특성과 생생한 색감은 각 계절의
대표적 요리를 맛봄으로써 가장 잘
이해할 수 있을 것이다.

»

우크라이나 식단은 식물성을 기반으로 하기 때문에 그 계절에만 구할 수 있는 식재료로 인해 계절요리가 탄생했다. 여러 세대에 걸쳐 달력의 절기는 메뉴의 개발, 맛, 요리 방식에 중요한 요소가 되었으며, 특정 요리나 식품을 대중화하는 데 중요한 역할을 했다. 시간이 지나면서 농업 및 식품 생산 기술의 발전으로 제철 식품이라는 개념이 다소 없어지긴 했지만, 계절 요리는 여전히 유효하다. 관광 산업과 전국의 요식업 종사자들은 계절 요리를 대중화하려고 노력하고 있으며, 우크라이나에서는 제철 과일 및 베리 축제가 인기를 모으고 있다. 우크라이나의 계절 별미에 들어가는 식재료는 깊은 역사와 전통을 가진 재료들이다.

우크라이나의 봄은 자작나무 수액을 모으는 것과 함께 시작된다. 자작나무 수액은 공원, 숲, 조림지, 개인 소유의 정원 등에서 자라는 자작나무에서 직접 채취된다. 수액은 신선한 상태 그대로 마시기도 하지만 구운 귀리와 건포도를 첨가하여 만드는 발효 음료인 크바스를 만드는 데 사용되기도 한다. 크바스는 숙성도와 첨가된 재료에 따라 풍미가 달라지며, 자작나무 크바스는 몇 개월간 숙성시키는 것이 좋다. 구소련에서는 대량 생산된 자작나무 수액 음료가 인기를 끌었다.

봄에는 파, 풋마늘, 딜, 파슬리와 같은 샐러드 채소와 허브가 풍부하게 나와 스메타나 드레싱, 또는 식물성 기름을 곁들인 샐러드에 이용된다. 녹색 보르슈치와 수프 레시피에는 산시금치, 시금치, 쐐기풀, 그리고 명아주 등이 사용된다.

봄의 레스토랑 메뉴에는 아스파라거스와 루바브를 곁들인 특별한 요리들이 등장한다. 아스파라거스와 루바브는 식탁의 인기 채소로, 상업적으로도 재배되고 개인 텃밭에서 키우기도 한다. 많은 역사적 문서에서 언급된 바와 같이, 루바브는 19세기에 우크라이나 서부의 할리치나에 처음 들어왔다. 루바브는 시간이 지나면서 마멀레이드용으로 상업적 재배가 이루어지기 시작했으며, 이는 상점 네트워크를 통해 판매되었다. 흔히 참새풀로 알려진 아스파라거스는 야생에서만 채취되었다.

늦봄이 오면 야생 딸기와 텃밭의 딸기는 제철을 맞는다. 오래전부터 우크라이나인들은 가족들끼리 먹거나 판매를 목적으로 야생 베리를 수확해 왔다. 야생 딸기는 생으로 먹기도 하고 건조시켜 먹기도 한다. 5월 말에는 개인 텃밭에서 자라거나 상업적으로 재배된 딸기가 우크라이나 시장과 식료품점에 넘쳐 흐른다. 딸기는 그대로 먹거나, 설탕이나 꿀을 섞은 스메타나 드레싱에 넣어 으깨어 먹거나, 바레니키에 넣거나, 잼을 만드는 데 사용된다.

여름이 가까워 오면 체리 시즌이 시작된다. 체리는 전국의 거의 모든 곳에서 재배되며, 40종의 아류를 포함하는 멜리토폴 품종은 국내 인기 브랜드이자 유럽 지리적 표시(geographical indications) 식품이다.

많은 사랑을 받는 빌베리도 초여름이 제철이다. 우크라이나에서는 상업적으로 블루베리가 재배되고 있으나 야생 빌베리도 여전히 인기가 있다. 일반적으로 빌베리는 아이스크림, 스메타나, 또는 요구르트와 함께 먹거나 디저트 재료로 사용된다. 빌베리를 곁들인 바레니키는 인기 있는 여름 요리이다. 야생 베리는 잼, 시럽, 리큐어를 만드는 데에도 이용된다. 요리나 음료에 쓰기 위해 말리기도 하는데, 야생딸기와 빌베리 잎과 줄기로 만든 말린 작은 다발은 허브차를 만드는 데 쓴다.

우크라이나인들은 특히 라즈베리를 좋아한다. 라즈베리는 딸기와 마찬가지로 대부분 시골의 텃밭에서 재배된다. 그러나 야생 라즈베리의 수확은 예전만큼 인기가 없다. 열매가 매우 작고 수확하는 데 시간이 많이 소요되고 힘이 들기 때문이다. 따라서 자유롭게 구할 수 있는 빌베리나 야생 딸기와 달리, 야생 라즈베리는 시장에서 완전히 사라졌다.

과일과 베리류만 계절 식재료로 인기 있는 것은 아니다. 우크라이나인들은 오이를 좋아한다. 흙에서 자란 작은 오이는 독특한 향과 식감, 달콤한 맛을 가지고 있어 높은 평가를 받으며, 오이 절임(발효)의 재료로 사용된다. 신선한 오이가 독특한 전채 요리로 바뀌는 데에는 며칠이 걸리지 않는다. 오이절임은 딜을 뿌려 갓 삶은 햇감자와 먹으면 매우 잘 어울린다. 이 두 음식은 우크라이나에서 가장 맛있는 조합의 여름 대표 메뉴이다.

17세기, 우크라이나를 여행한 프리슬란트 연대기 작가, 울리히 폰 베르덤(Ulrich von Werdum, 1632-1681)은 오이를 지역 특산품으로 언급하며, 두 손가락 사이에 끼고 먹었다고 한다. 체르니히우 지역에 위치한 니진시(市)의 이름을 딴 니진스키 오이는 특별한 역사를 가지고 있으며, 이에 얽힌 전설도 많다. 이 도시에는 오이에게 헌정된 기념물도 있다. 절임에 적합하다고 알려진 이 품종은 현재는 거의 사라졌지만, 니진에서 상업적으로 재배하는 오이와 오이 절임 레시피는 그 역사가 19세기까지 거슬러 올라간다. 오늘날은 드니프로페트로우씨크 주(州)의 도브로파소베가 오이 재배의 중심지로, 두 가구 중 한 가구는 상업적으로 오이를 재배하고 있다.

토마토를 빼고 지역 요리를 논한다는 것은 불가능하다. 토마토는 비교적 최근에 우크라이나 요리에 쓰이게 된 식재료이지만, 국민 요리로 자리 잡은 보르슈치의 맛을 바꾸었다. 토마토는 단순한 재료가 아닌, 보르슈치의 필수 재료이다. 8월이 끝날 무렵이면 놀랄 정도로 색과 크기가 다양한 토마토가 시장에 쏟아져 나온다. 조금만 주방일을 아는 사람이라면 누구나 생식, 샐러드, 주스, 아지카 핫소스, 절임, 또는 '보르슈치 프리저브'에 가장 적합한 품종을 선택할 수 있다. 보르슈치 프리저브는 겨울에 보르슈치의 베이스로 사용되는 홈메이드 저장 식품이다. 우크라이나 남부의 헤르손과 오데사 지역에서 재배된 토마토는 높은 평가를 받으며, 특히 오데사 지역의 우트코노시우카에서 생산된 토마토가 유명하다.

테르노필 지역의 잘리슈치키는 맏물 토마토, 피망, 오이로 유명하다. 또 자카르파탸는 온화한 기후를 가진 지역으로 포도를 포함하여 많은 작물이 재배되고 있다.

오이, 토마토, 피망은 우크라이나 요리에서 매우 중요하다. 많은 우크라이나인들은 성수기에 요리나 채소 믹스에 사용할 농산물을 절여서 저장한다.

우크라이나에서 많은 사랑을 받는 수박은 여름의 끝을 상징한다. 수박은 아주 오래 전부터 주로 흑해 북부 해안에서 재배했다. 17세기와 18세기에 여행하던 연대기 작가와 탐험가들도 이 수박에 대해 말한 바 있다. 독일 대학 교수이자 자연과학자인 요한 하인리히 블라시우스(Johann Heinrich Blasius ,1809~1870)는 폴타바 지역의 크레멘추크 박람회에서 많은 수박이 판매되었다고 적고 있다.

18세기 키이우에서는 수박을 시장에서 살 수 있었다. 현재 헤르손 수박은 지리적 표시(geographical indications) 목록에 포함될 가능성이 있는 식품 중 하나이다.

수박을 빵과 함께 먹는다고 하면 다소 이상하게 여겨지겠지만, 일부 우크라이나인들은 점심 간식이나 여행 음식으로 꽤 흔하게 수박과 빵을 먹었다. 특이하게도 요즘에는 수박을 호밀 맥주와 잘 어울리는 단단한 치즈와 함께 먹기도 한다. 우크라이나 남부 지역 주민들은 수박 주스를 걸쭉하고 끈적끈적해질 때까지 끓여서 일반적으로 베크메즈*бекмез*로 알려진 수박 시럽을 계속 만들어 왔다. 이 방법은 아조우해 연안 지역에 거주하는 우크라이나 그리스 공동체에서도 인기가 있다. 도네츠크 지역의 만후쉬에서는 지역 주민들이 잘게 썬 수박을 끓인 뒤 건조시켜 레첼*речель*이라는 과자를 만들었다.

절인 수박이나 발효시킨 수박은 우크라이나 남부의 대표적인 음식으로, 다른 나라의 발효시킨 양배추나 샤워크라우트만큼이나 우크라이나에서는 흔한 것이다. 19세기 민속학자들은 우크라이나인들이 작은 수박을 오이를 절이는 것과 같은 방식으로 딜을 첨가해 겨울 보존 식품으로 만들었다고 말한다. 또한 수박은 18세기와 19세기, 민속 화가들의 그림에서 자주 등장한다.

우크라이나의 가을은 바구니를 가득 채운 야생 버섯, 끈에 끼워 말린 버섯, 산더미처럼 쌓인 호박, 양배추, 당근, 비트, 양파와 함께 찾아온다.

호박은 전국적으로 널리 재배되지만 우크라이나에서는 요리에 호박을 그다지 많이 사용하지 않는다.

버섯 채집은 오래전부터 행해졌던 일이다. 과거에는 주로 아이들의 일이었지만 이제는 온 가족이 참여하곤 한다. 우크라이나에서 포르치니 버섯은 가장 인기 있는 버섯이다. 왕버섯 또는 진버섯으로 알려진 이 버섯은 말리거나, 절이거나, 또는 튀겨서 버섯 수프를 만드는 데 사용한다. 절임에 가장 적합한 버섯으로는 뽕나무버섯, 맛젖버섯, 비단그물버섯 등이 있다. 꾀꼬리버섯은 튀기거나 끓이는 것이 가장 맛있고, 포르치니 버섯은 건조에 적합하다. 이 밖에도 양송이와 느타리버섯을 이용한 다양한 레시피가 있다.

양송이버섯 같은 주름버섯과의 버섯들은 예전부터 우크라이나에서 널리 자생하였으며 그중 숲주름버섯, 흰주름버섯, 실비듬주름버섯이 인기가 많았다. 현재는 많은 지역에서 버섯 시즌에 채취한 많은 양의 송이버섯과 꾀꼬리버섯을 수출하고 있다.

우크라이나의 가을은 버섯, 호박, 사과 향으로 가득하다. 사과는 우크라이나에서 일년 내내 먹는 과일이다. 개인 과수원에는 일반적으로 여러 종류의 사과 나무가 있다. 현재는 많은 품종이 사라졌지만 요리에 사과를 사용하는 문화는 여전히 남아 있다. 늦가을 품종인 레네트 시미렌코는 신맛이 나는 녹색 사과로, 우크라이나에서 매우 인기가 높다. 원래 체르카시 지역이 원산지인 이 품종은 1800년대 후반에 개발되었으며 '우크라이나의 국민사과'라는 비공식적인 명칭을 가지고 있다. 시미렌코 사과는 보르슈치 재료로 사용되며, 가금류 로스트 요리에도 사용된다. 이 사과는 단단한 식감과 강한 신맛이 특징이며 절임에 적합하다.

우크라이나 바르(우크라이나어 '바리티 варити: 끓이다'에서 유래) 요리법은 아주 오래된 것으로, 바르вар는 말린 사과, 배, 자두로 만든 음료를 말한다. 1900년대 중반까지 이 음료는 주로 시골 지역에 널리 퍼져 있었지만 시간이 지나면서, 도시의 매점, 카페, 레스토랑의 메뉴에서도 볼 수 있게 되었다. 크림 타타르인들은 오늘날에도 사과가 들어 있는 과일 음료인 호샤프 хошаф를 즐긴다. 할리치나에서는 사과를 얍찬카 ябчанка라고 하는 여름 수프를 만드는 데 사용하고, 베르디치우 맥주를 양조하는 데에도 쓴다. 포딜랴 지역은 토양이 비옥하고 풍요로워 외국 여행자들이 "이 기름진 땅에 마른 막대기를 심으면 다음 해에 사과를 수확할 수 있을 것" 이라고 말할 정도이다.

자두는 우크라이나에서 가장 유명한 과일 가운데 하나이다. 17세기에 울리히 폰 베르덤(Ulrich von Werdum)은 르비우 주변의 광활한 자두 과수원과 할리치나 지역의 시골길을 따라 늘어선 자두 나무에 대해 묘사한 바 있다. 그는 심지어 현지 자두 잼을 버터로 착각한 일도 있다. 폴타바 지역도 자두로 유명했다. 오피슈냐의 자두는 베르길리우스의 『아이네이스(Virgil's Aeneid)』를 풍자한 18세기 우크라이나 작가 이반 코틀랴레우스키의 『에네이다(Енеїда)』에도 언급되었다. 오피슈냐 자두는 전국의 시장에서 판매되었으며, 자두는 연기로 훈연해 먼 지역으로도 운송되었다. 현대 우크라이나에서는 쯔베치게 품종이 널리 퍼져 있으며 종종 개인 정원에서 볼 수 있다.

자두는 생으로 먹거나, 절이거나, 잼을 만들어 먹는다. 매콤한 절인 자두는 전채 요리로, 또는 별도의 요리로 제공되거나 돼지고기 로스트의 재료로 쓰인다. 몇 세기 동안 자두는 건조 및 훈제되어 우즈바르를 만들거나 파이에 사용되었고, 양배추를 고거나 샤워크라우트를 만들 때 재료로 쓰여 왔다. 훈제 자두는 보르슈치의 풍미를 강화하고 깊게 만든다. 따라서 일부 지역에서는 훈제 자두 없이 보르슈치를 만든다는 것은 불가능하다고 여겨진다.

우크라이나의 겨울은 풍부한 저장식품으로 인해 더욱더 안락하다. 발효시켜 절인 오이, 토마토, 가지, 마늘, 양배추, 버섯, 그리고 채소 믹스 절임은 미리 만들어 둔 보르슈치 베이스와 매콤한 아지카 소스와 같이 모두 여름이 지나면서 도시와 농촌의 주방에서 만들어지는 저장 식품들이다.

도시와 농촌 마을에서는 식품의 보존을 위해 다양한 저장 시설이 이용되었다. 맥주와 뿌리 채소를 보관하는 지하 저장고, 지하실, 다용도실, 겨울 보존 식품으로 가득 찬 다락방은 사람들이 어려운 시기를 나는 데 도움을 주었다. 저장 시설은 지역의 기후와 지형에 따라 달랐다. 중부와 카르파티아산맥 지역 주민들은 가까운 곳에 식품 저장고를 두었다. 대도시에서는 전쟁이나 전염병이 발생했을 때 수도원의 지하실이나 무기고를 식량 저장 시설로 사용했다. 구소련 시대에는 아파트에 살았기 때문에 보존 식품을 찬장이나 발코니에 있는 보관함에 보관해야 했다. 요즘에도 마을이나 도시의 아파트 근처에서 옛날에 만든 지하 저장고를 간혹 발견할 수 있다.

채소 위주의 우크라이나 계절 요리는 유제품, 생선, 고기로 인해 더 풍부해졌다.

Bruschetta with vegetable spread

채소 스프레드 브루스케타

1 / 40~45 m / 4 /

채소 스프레드

- 가지 400g
- 피망 200g
- 토마토 200g
- 마늘 20g(3~4쪽)
- 적양파 200g
- 껍질 벗긴 루바브 줄기 100g
- 너트 오일 50g
- 설탕 10g
- 소금 5g
- 후추 믹스 5g

장식

- 통밀 호밀빵 85g
- 훈제 파프리카(큰 조각 1개) 5g
- 헤이즐넛 20g
- 샐러드 잎 10g

채소는 깨끗이 씻어 천으로 물기를 닦은 뒤 통째로 오븐용 그릇에 넣고 200℃ 오븐에서 30분 정도 굽는다(그릴을 사용할 수도 있다). 구운 채소를 식혀 껍질을 벗기고 씨를 제거한다. 마늘은 까서 으깬 다음 기름을 넣지 않은 프라이팬에 살짝 굽는다. 구운 마늘, 설탕, 소금, 후추 믹스를 채소에 넣는다. 양념한 채소를 블렌더에 넣고 너트 오일을 조금씩 부으면서 부드럽게 갈아 채소 스프레드를 만든다. 빵을 5~8조각으로 자르고 겉껍질을 벗겨낸 뒤 프라이팬이나 오븐에서 토스트한다. 자른 빵 위에 어린 샐러드 잎을 올리고 채소 스프레드를 바른다. 다진 헤이즐넛을 뿌린 뒤 훈제 파프리카 조각으로 장식한다.

/ 가지, 토마토와 같이 통째로 굽는 채소는 표면 곳곳을 찔러 주어야 채소의 모양을 유지할 수 있다.

/ 루바브 줄기는 요리에 미묘한 신맛을 준다. 요리하기 전에 껍질을 벗겨 사용한다.

Quick pickled organic cucumbers with honey dressing

꿀을 곁들인 유기농 오이 절임

1 ☆ / 🔪 / 🥣 / 🫙 /

20 m + 48 h 숙성 ⏰ / 4 👤 / 🌿

- 신선한 게르킨 오이/작은 오이(7~8㎝) 1kg
- 물 1ℓ
- 소금 50g
- 설탕 20g
- 마늘 50g
- 블랙커런트 잎 1 줌
- 양고추냉이 잎 3 줄기
- 벚나무 잎 1 줌
- 딜 꽃머리 15g
- 신선한 민트 20g(몇 줄기)
- 잡화꿀 100g
- 아마씨 50g

오이는 찬물에 씻는다. 녹색 잎들과 딜 꽃머리도 물에 담가 씻는다. 양고추냉이 줄기는 씻어 2~3조각으로 자른다. 오이는 끝을 잘라 낸 후 적당한 크기로 막대썰기 한다. 마늘은 껍질을 벗기고 얇게 자른다.

병에 오이와 녹색 잎을 번갈아가며 넣는다. 바닥에는 잎을 깔고 손으로 살짝 으깨 풍미를 끌어 낸다. 소금과 설탕을 찬물에 녹인 다음, 오이가 물에 완전히 잠길 때까지 병에 붓는다. 어두운 곳에서 최소 48시간 동안 숙성시킨다.

먹을 때는 먹기 좋은 크기로 잘라 꿀과 아마씨를 뿌려 낸다. 또는 베리나 다진 민트 잎으로 장식한다.

Delicate drinking borshch from Halychyna

할리치나식 마시는 보르슈치

2 / / / 2 / / / / / /
/ / 1~1h 30 m / 4

채소 베이스

- 비트 130g(1개)
- 당근 45g(1/2개)
- 파슬리 뿌리 13g
- 양파 65g(1개)
- 셀러리 줄기 25g
- 토마토 페이스트 20g
- 물 100~200g
- 해바라기씨유 20g
- 식초(9%) 8g
- 설탕 5g
- 올스파이스 0.3g
- 통후추 0.3g
- 월계수 잎 0.1g
- 물 100g

밀가루 루

- 밀가루 15g
- 버터 15g
- 해바라기씨유 5g

마시는 보르슈치 국물

- 물 920g
- 소금 18g
- 간 후추 0.2g
- 스메타나(유지방 30%) 150g

채소는 깨끗이 씻어 껍질을 벗긴다. 비트와 당근은 강판에 간다. 파슬리 뿌리는 다지고, 양파는 얇게 썰고, 셀러리 줄기는 반달 모양으로 썬다. 냄비나 깊은 프라이팬에 손질한 채소를 모두 넣고 물, 토마토 페이스트, 기름, 양념, 향신료를 넣는다. 뚜껑을 덮고 중불에서 채소가 완전히 익을 때까지 끓인다.

밀가루 베이스의 루를 준비한다. 바닥이 두꺼운 냄비에 버터와 기름을 넣고 섞은 뒤 밀가루를 넣어 황금색이 될 때까지 볶는다.

루를 뜨거운 물 900g에 천천히 넣고 덩어리가 풀릴 때까지 거품기로 저어 준다. 스메타나를 넣고 루가 부드럽고 걸쭉해질 때까지 중불에서 5분간 끓인다. 익힌 채소를 넣고 끓이되, 끓기 시작하자마자 불을 끄고 불에서 내려 30분간 그대로 둔다. 체로 건더기를 걸러내고 국물에 소금과 후추를 넣어 간한다. 중불에서 1분간 계속 저으며 끓인 뒤 불에서 내려 식힌다. 보르슈치는 계속 끓이면 색이 빠질 수 있다.

기호에 따라 다진 마늘과 잘게 다진 신선한 허브를 넣는다.

/ 마시는 보르슈치는 전통적으로 술잔에 담아서 믈린찌(크레이프), 파이, 짭쪼름한 페이스트리 또는 야보리우시키 파이와 함께 먹는다.

Pancakes with meat filling

고기를 채운 믈린찌(크레이프)

2 ☆ / 🔪 / 🧴 / 2 🍳 / ⚙ / 🥣 / 🥄 / 🥄 / 🍴 / 🍳 / 🧀 / 1 h~1 h 30 m ⏰ / 10 👤

Ukraine. Cuisine et Histoire

반죽

- 체 친 밀가루 102g
- 우유(유지방 3.2%) 237g
- 해바라기씨유 39g
- 탄산수 78g
- 달걀 63g(1.5개)
- 베이킹 소다 0.05g
- 식초 2g
- 설탕 1.5g

소

- 쇠고기 216g
- 돼지고기 216g
- 양파 66g
- 마요네즈(유지방 67%) 129g
- 소금 4.2g
- 간 후추 0.3g
- 신선한 딜 9g

튀김용

- 달걀 125g(2.5개)
- 마른 빵가루 100g
- 해바라기씨유 100g
- 버터 50g

먼저 우유에 밀가루를 조금씩 넣으면서 거품기로 섞다가 달걀, 식초로 활성화한 베이킹 소다, 설탕을 넣고 믹싱한다. 덩어리가 풀어지면 속도를 낮추고 물과 기름을 서서히 넣으면서 반죽한다. 이때 반죽은 묽은 농도여야 한다.

뜨거운 프라이팬에 기름을 두르고 반죽을 조금씩 넣어 얇게 믈린찌를 부친다. 한 면을 1분 동안 구운 뒤 뒤집어 1분 더 굽는다.

신선한 고기와 양파를 고기 분쇄기에 다진 뒤 마요네즈, 잘게 썬 신선한 딜을 넣고 소금과 후추로 간해 소를 만든다.

믈린찌를 깨끗한 작업대나 도마에 올려 놓는다. 스푼을 이용해 믈린찌 절반에 고기소를 넣고 반으로 접은 다음 삼각형 모양이 되도록 다시 접는다. 칼로 가장자리를 다듬는다.

달걀을 풀어 믈린찌에 입힌 다음 빵가루를 묻힌다. 버터와 기름을 섞은 팬에 믈린찌를 넣고, 중불로 고기소가 익고 양면이 노릇노릇해질 때까지 지진다.

Section III

Choux puffs
with herring

청어 슈

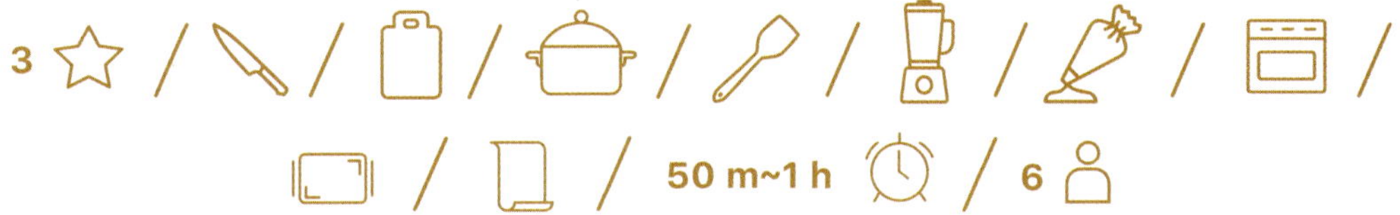

3 ☆ / 🔪 / 🔲 / 🍲 / 🥄 / 🫙 / 🖌 / ▭ /

▭ / ▯ / 50 m~1 h ⏰ / 6 👤

Ukraine. Food and History

슈 반죽(500g 분량)

- 체 친 밀가루 150g
- 소금 10g(1ts)
- 버터 100g
- 우유 250g
- 달걀 4개

조리

- 슈 60g(10g씩 6개)
- 크림치즈 40g
- 스메타나 20g
- 살짝 염지한 청어 필레 70g
- 파 15g
- 삶은 메추리알 3개
- 강꼬치고기 캐비아 15g
- 파 20g

오븐을 220℃로 예열한다. 냄비에 버터와 우유를 넣고 약간의 소금을 더한 뒤 천천히 가열한다. 버터가 녹으면 불을 올리고 끓인다. 밀가루를 나누어 넣은 뒤 불을 끄고 바닥에 달라붙지 않을 때까지 주걱으로 계속 젓는다. 15분 동안 식힌다. 가볍게 푼 달걀을 반죽에 넣고 부드럽고 윤이 날 때까지 계속 저어 준다. 짤주머니를 이용하여 베이킹 페이퍼를 간 베이킹 팬에 3~5㎝ 지름의 둥근 슈를 짠다.

예열한 오븐의 불을 끄고 슈를 넣어 10~15분 동안 그대로 둔다. 160~180℃ 오븐에서 30분 동안 더 구운 뒤 식힌다.

청어 필레를 다진 뒤 크림치즈, 스메타나, 다진 파와 함께 블렌더에 갈아 소를 만든다.

식힌 슈의 윗부분을 잘라 청어크림치즈 소를 채운다. 반으로 자른 삶은 메추리알, 강꼬치고기 캐비아, 파채로 장식한다.

/ 스메타나는 플레인 요구르트로 대체할 수 있다.

Mini sponges with cheese and spinach 치즈와 시금치 미니 스펀지케이크

2 ☆ / 🔪 / ◻ / 🥄 / 🥄 / 3 🥣 / 🔲 / 🫗 /
🥄 / ▭ / 🗎 / 1 h 30 m ⏰ / 10 👤

스펀지

- 달걀 240g(4개)
- 설탕 5g
- 신선한 파슬리 25g
- 신선한 딜 25g
- 해바라기씨유 70g
- 스메타나 50g
- 소금 2g
- 체 친 밀가루 120g
- 베이킹 파우더 5g
- 시금치가루 5g

필링

- 부르다 치즈 300g
- 신선한 딜 20g
- 소금 3g
- 후추 2g
- 절인 또는 훈제 연어 필레 100g

달걀의 흰자와 노른자를 분리한다. 흰자에 설탕을 넣고 단단한 스노우 픽이 생길 때까지 휘핑한다. 신선한 딜, 파슬리, 스메타나, 기름, 약간의 소금을 함께 블렌더에 간다. 밀가루, 베이킹 파우더, 시금치가루를 허브 혼합물과 섞고 달걀 노른자를 넣어 잘 섞은 뒤 휘핑한 흰자를 넣어 반죽을 완성한다.

반죽을 베이킹 페이퍼를 깐 베이킹 팬에 붓고 160℃ 오븐에서 15~17분 동안 굽는다. 식으면 베이킹 페이퍼를 떼어 내고 스펀지의 가장자리를 다듬은 다음 세로로 반 자른다. 구운 스펀지의 두께는 약 1.5㎝이어야 한다.

• **필링** 신선한 딜을 잘게 썰어 치즈와 함께 블렌더에 갈고 소금과 후추로 간해 치즈 스프레드를 만든다. 스펀지 위에 치즈 스프레드를 바르고 다른 스펀지를 덮은 뒤 가장자리를 다듬는다. 구멍이 있으면 치즈로 채우고 스펀지를 가벼운 누름돌로 누른다. 그대로 몇 시간 두었다가 식으면 날카로운 칼을 이용해 20개의 정사각형으로 자른다. 각 미니 스펀지에 얇게 썬 연어 필레 한 조각을 올린다.

/ 상온의 부르다 치즈를 사용한다. 크림치즈로 대체할 수 있다.
/ 연어 필레는 신선한 방울토마토나 선드라이드 토마토로 대체할 수 있다.

V'YACHESLAV POPKOV
inspired by
Marianna Dushar's recipe

Savoury biscuits

세이보리 비스킷

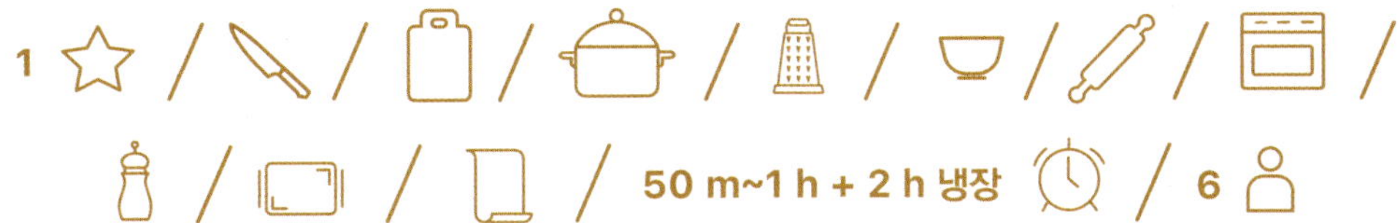

1 / 50 m~1 h + 2 h 냉장 / 6

- 돼지 라드 스프레드 150g
  (라드에 구운 돼지껍질 등을
  넣어 만든 스프레드)
- 체 친 밀가루 300~350g
- 양귀비씨 100g
- 양파 2개
- 달걀 1개
- 베이킹 파우더 12g
- 소금, 후추, 설탕(취향에 따라)

밀가루, 양귀비씨, 베이킹 파우더를 섞고 돼지 라드 스프레드를 넣어 반죽이 끈끈해질 때까지 손으로 잘 반죽한다. 껍질 벗긴 양파를 강판에 갈아 반죽에 넣는다. 달걀과 약간의 소금, 설탕, 후추를 넣고 다시 한 번 치댄다. 반죽은 걸쭉하고 약간 끈적거려야 한다. 완성된 반죽을 냉장고에 2시간 동안 넣어 두었다가 밀어 펴 다양한 모양(원, 다이아몬드, 사각형)으로 자른다. 베이킹 페이퍼를 깐 베이킹 팬에 올리고 190~200℃ 오븐에서 25~35분 동안 굽는다.

Baked pasties with filling 패스티

3 ☆ / ⭐ / 🥫 / 2 🥣 / 📜 / 🥖 / 🥄 / 🖌 / 🥄 /
⬜ / 📄 / 3 h ~ 3 h 30 m ⏰ / 6~8 👤

사전 반죽

- 따뜻한 우유 250㎖
- 생이스트 30g
- 설탕 20g
- 체 친 밀가루 70g

반죽

- 부드러워진 버터 100g
- 설탕 80g
- 달걀 2개
- 소금 약간
- 체 친 밀가루 550g

반죽

• **사전 반죽 만들기** 볼에 따뜻한 우유를 넣고 설탕과 이스트를 녹인 뒤 밀가루를 섞는다. 랩으로 윗면을 덮어 따뜻한 곳에 둔다. 사전 반죽이 두 배 또는 세 배로 커져야 한다.

• **반죽** 다른 볼에 버터, 설탕, 달걀을 넣고 거품기로 섞는다. 소금을 넣고 르뱅을 넣어 잘 섞은 다음 밀가루를 넣는다. 작업대에 기름을 칠하고 반죽을 옮긴 다음 반죽이 탄력 있고 끈적이지 않게 될 때까지 치댄다. 기름을 살짝 칠한 볼에 옮겨 랩으로 덮고 따뜻한 곳에 1~1.5시간 그대로 둔다.

패스티 성형과 굽기

반죽을 각각 30~40g씩 떼어 공 모양으로 만든 뒤 6~8㎝ 지름의 원형으로 밀어 편다. 가운데에 스푼을 이용해 40g의 소를 얹고 접어 패스티를 만든다. 베이킹 팬에 기름칠 된 베이킹 페이퍼를 깔고 패스티를 올려 놓는다. 장식을 한 경우는 장식에 따라 이음매가 위나 아래로 가게 한다. 붓으로 각각의 패스티에 달걀물 또는 노른자를 바른다. 10~15분 그대로 두었다가 170℃로 예열된 오븐에 넣고 황금빛 갈색이 될 때까지 15~25분 동안 굽는다.

소

• **양배추 소** 발효 양배추(사워크라우트) 1㎏, 양파 200g, 당근 100g, 해바라기씨유 50g, 소금과 후추(취향에 따라)

3L의 물에 양배추를 넣고 중불로 20분간 끓인 뒤 체에 밭쳐 물기를 뺀다. 양파는 잘게 썰고 당근은 강판에 곱게 간다. 예열해 기름을 두른 팬에 양파와 당근을 넣고 채소가 갈색이 되기 전까지 볶는다. 양배추를 넣고 약 10분 정도 더 볶은 뒤 소금, 후추로 간해 식힌다.

• **콩 소** 말린 흰콩 200g, 양파 150g, 해바라기씨유 50g, 베이킹 소다 ½ ts, 소금(취향에 따라)

콩을 많은 양의 물에 넣어 12시간 동안 불린다. 냄비에 옮긴 뒤 2L의 물을 붓고 베이킹 소다를 넣은 다음 1~1.5시간 익힌다. 뜨거운 콩을 블렌더로 갈거나 분쇄기로 갈아 으깬다. 잘게 썬 양파를 기름 두른 팬에 넣고 황금색이 될 때까지 볶는다. 으깬 콩을 볶은 양파에 넣고 잘 섞은 다음 소금으로 간한다.

• **코티지 치즈 소** 코티지 치즈 400g, 신선한 딜 20g, 달걀 노른자 1개, 소금과 후추(취향에 따라)

치즈를 체에 문질러 내린 뒤 잘게 썬 딜, 달걀 노른자, 소금, 후추를 넣고 잘 섞는다.

• **달걀과 파 소** 달걀 7개, 파 40g, 흰밥 100g(선택), 소금과 후추(취향에 따라)

달걀을 삶아 다진 뒤 파를 잘게 썰어 넣고 소금, 후추로 간해 잘 섞는다.

• **호박 소** 껍질 벗긴 단호박 600g, 꿀 50g, 호두 50g

호박을 중간 크기의 정육면체로 썰어 베이킹 팬에 올린 뒤 200℃로 예열한 오븐에 20분 동안 황금색이 될 때까지 굽는다. 베이킹 팬에서 그대로 식힌 다음 더 작은 정육면체로 썰어 그릇에 옮겨 담고 꿀과 볶은 호두를 넣는다.

• **양귀비씨 소** 양귀비씨 200g, 설태너 건포도 100g, 설탕 100g, 꿀 50g

양귀비씨를 볼이나 냄비에 넣고 끓는 물 1L를 부은 뒤 뚜껑을 닫고 2시간 동안 둔다. 체에 밭쳐 헹군 뒤 물기를 뺀다. 절구나 마키트라(양귀비씨를 갈기 위한 특별한 토기 그릇)에 양귀비씨와 설탕을 넣고 양귀비씨가 회색이 될 때까지 곱게 간다. 미리 뜨거운 물에 30분 동안 담가 둔 설태너 건포도와 꿀을 넣는다.

• **타트체리 소** 씨를 뺀 타트체리 700g, 설탕 150g, 옥수수 전분 30g

체를 이용해 타트체리의 과육을 분리하고 볼에 옮겨 담은 뒤 설탕과 옥수수 전분을 넣고 잘 섞는다. 즉시 사용한다.

• **사과 소** 홍사과 8개, 꿀 80g

사과의 꼭지와 씨를 제거하고 작은 정육면체로 썬 뒤, 베이킹 팬에 올려 200℃로 예열된 오븐에서 20분 동안 굽는다. 식으면 꿀을 넣는다.

Mini halushky with sauce

소스를 곁들인 미니 할루슈키

2 / / / / 3 / / / / /
/ / 50 m~1 h 20 m / 4 /

- 체 친 밀가루 500g
- 달걀 1개
- 따뜻한 물 100~150g
- 버터 40g
- 신선한 포르치니 버섯(장식용) 200g
- 식물성 기름 50g
- 신선한 파슬리 10g
- 소금(취향에 따라)

소스

- 생 또는 냉동 포르치니 버섯 300g
- 양파 200g
- 해바라기씨유 70g
- 크림(유지방 30%) 200g
- 소금 5g
- 간 후추 1g

밀가루, 달걀, 소금, 따뜻한 물을 섞어 할루슈키 반죽을 만든다. 반죽을 랩으로 씌워 30분 동안 그대로 둔다. 반죽을 1㎝ 두께의 롤이나 소시지 모양으로 만든 뒤 1㎝ 길이로 썬다. 소금물에 2~3분 넣어 물 위로 떠오를 때까지 삶은 뒤 건져 내 그릇에 담고 버터를 넣는다. 장식용 포르치니 버섯을 물에 넣고 10분간 익힌다. 식으면 얇게 썰어 종이 타월로 여분의 물기를 닦아 낸 다음, 식물성 기름에 황금빛 갈색이 될 때까지 볶고 소금으로 간한다.

• **버섯 소스** 버섯을 물에 넣고 약 15분간 끓여 익힌다. 버섯을 1×1㎝ 크기의 정육면체로 자른다. 양파는 0.5×0.5㎝ 크기로 썰고 식물성 기름에 5분 동안 볶는다. 버섯을 양파에 넣고 15~20분 더 볶는다. 크림을 붓고 5분 더 끓여 소금과 후추로 간한다. 소스를 접시에 담고 버터로 버무린 미니 할루슈키를 올린다. 볶은 포르치니 버섯 슬라이스와 다진 파슬리로 장식한다.

/ 칵테일 파티를 위한 서빙: 접시에 스푼으로 버섯 소스 20g을 떠서 얹고, 그 위에 미니 할루슈키 3개를 올린 뒤 포르치니 버섯 슬라이스를 한 개씩 곁들이고 신선한 허브로 장식한다.

/ 할루슈키 반죽은 메밀가루, 스펠트밀가루, 통밀가루 같은 다른 타입의 가루를 1:3의 비율로 섞어 만들 수도 있다. 예를 들어, 메밀가루 100g과 일반 밀가루 300g을 섞는 것이다. 할루슈키는 우유와 다양한 종류의 육수로 요리할 수도 있다.

Placinta with machanka

마찬카(디핑 소스)를 곁들인 플라친타

페이스트리

- 체 친 밀가루 220g
- 물 100g
- 소금 4g
- 해바라기씨유 20g

소

- 코티지 치즈 180g
- 신선한 허브 15g
- 파 15g
- 달걀 1개
- 소금(취향에 따라)

마찬카 디핑 소스

- 케피르(발효 유제품) 50g
- 스메타나(유지방 30%) 50g
- 신선한 허브 2g
- 마늘 1g
- 소금(취향에 따라)

따뜻한 물에 소금을 녹인 뒤 기름과 밀가루를 넣고 나무 주걱으로 잘 섞는다. 반죽을 덮어 30분 동안 그대로 둔다. 그동안 소와 소스를 준비한다.

· 마찬카 케피르와 스메타나를 섞은 뒤 잘게 썬 허브와 마늘을 넣고 소금으로 간한다.

· 소 파를 잘게 썬 뒤 치즈와 달걀(전란 혹은 노른자)을 넣는다. 소금으로 간하고 잘 섞는다.

밀가루 반죽을 4등분하고, 각각을 공 모양으로 둥글린다. 작업대 위에 기름을 바르고, 반죽을 2~3㎜ 두께로 밀어 편다. 스푼으로 가운데에 소를 고르게 넣는다. 반죽의 가장자리를 가운데로 모아 붙인다. 기름을 두르지 않은 뜨거운 프라이팬에 넣고 양면이 노릇해질 때까지 굽는다. 접시에 담고 키친 타월로 덮어 10분 동안 그대로 둔다.

마찬카를 플라친타에 곁들여 낸다.

/ 만약 치즈가 너무 건조하면 달걀 하나를 모두 사용한다. 반대로 치즈가 촉촉하면 달걀 노른자만 추가해서 탄력성 있게 만든다.

Chiberekki

치베레키

2 ☆ / 🔪 / 🧱 / 🍳 / 🥄 / 🥖 / 🥣 2 / 🥄 / 🗄 / 🗒 / ⚙ / 🔪 / ◯ / 1h ⏰ / 4 👤

Ukraine. Food and History

반죽

- 물 175g
- 체 친 밀가루 500g
- 소금 10g
- 식물성 기름 5g

소

- 양고기 300g
- 양파 300g
- 물 150g
- 소금 5g
- 간 후추 2g

튀김용

- 해바라기씨유 1ℓ

• **반죽** 재료를 모두 섞어 반죽한다. 반죽은 덩어리가 있을 수 있으나 그대로 랩으로 싸서 30분 동안 두었다가 손으로 다시 반죽한다. 밀대를 이용해 반죽을 펴고 접은 다음 다시 편다. 반죽이 부드럽고 탄력 있는 상태가 될 때까지 이 과정을 여러 번 반복한다. 반죽을 롤링머신에 여러 번 통과시켜 만들 수도 있다.

• **소** 양파의 껍질을 벗기고 씻은 뒤 대충 썬다. 고기를 양파와 함께 고기 분쇄기에 간 다음 물을 넣고 소금과 후추로 간해 잘 섞는다. 30분 동안 냉장 보관한다.

반죽을 각각 55g 공모양으로 만든 뒤 밀대를 이용해 2㎜ 두께의 원형으로 편다. 접시를 이용해 원형으로 잘라 내도 된다. 스푼으로 가운데에 60g의 소를 넣고 반죽을 반으로 접은 다음 가장자리를 눌러 붙인다. 롤링 나이프(또는 여분의 반죽을 다듬는 데 사용하는 특수칼인 치히리크로 가장자리를 다듬어 치베레키를 만든다. 베이킹 페이퍼를 깐 도마나 쟁반에 밀가루를 뿌리고 치베레키를 올린 다음 랩을 씌운다.

24~28㎝ 프라이팬이나 튀김기에 기름을 붓고 170℃로 가열한다. 치베레키를 넣어 양면이 노릇해질 때까지 튀기고, 나무 주걱으로 종이 타월에 옮겨 여분의 기름을 제거한다.

/ 기름 온도를 테스트하려면 작은 반죽 조각을 떨어뜨린다. 반죽이 바로 튀겨지면 요리하기에 적당한 온도이다. 반죽이 타면 온도가 너무 높고, 반죽이 천천히 익으면 기름이 더 뜨거워져야 한다는 뜻이다.

Section III

Yavorivsky pie

야보리우시키 파이

2 ☆ / 🔪 / 🧰 / 2 🍲 / 🍳 / 🥄 / 2 🥣 / 🥄 /
22~24 ㎝ / 🍱 / ⬜ / 📄 / 🥖 / 🥣 / 3 h / ⏰ / 6 🧍 / 🍃

반죽

- 체 친 밀가루 180g
- 물 90g
- 생이스트(활성 이스트) 10g
- 해바라기씨유 15g
- 설탕 2g
- 소금 2g

소

- 메밀 50g 또는 찐 메밀 110g
- 메밀을 찔 물 90g
- 삶은 감자 500g
- 양파 150g
- 해바라기씨유 45g
- 간 후추 0.5g
- 마늘 10g
- 소금 7g

이스트에 설탕을 섞고 따뜻한 물을 조금 넣어 걸쭉하게 만든다. 랩으로 씌워 따뜻한 곳에 둔다. 이스트가 15~20분 내에 거품을 내야 한다. 밀가루에 소금과 나머지 물을 넣고 이스트와 기름을 넣은 뒤 섞어 부드러운 반죽을 만든다. 뚜껑을 덮어 따뜻한 곳에서 1시간 동안 발효시킨다.

감자는 깨끗이 씻어 껍질을 벗기고 소금물에 삶은 뒤 으깬다. 메밀은 씻어 끓는 물에 넣고 뚜껑을 덮어 끓인 다음 30분 동안 그대로 불린다. 양파는 다져서 기름 두른 팬에 넣고 노릇하게 볶는다. 메밀을 건져 으깬 감자와 섞고 볶은 양파, 소금, 후추, 다진 마늘 또는 마늘 가루를 넣어 잘 섞는다. 소가 싱겁지 않아야 한다. 반죽을 가장자리가 얇은 원형으로 밀어 편다. 숟가락으로 가운데에 소를 넣고 살짝 눌러 준다. 가장자리를 자루처럼 모아서 한데 붙인다. 반죽의 가장 두꺼운 부분인 이음매가 너무 울퉁불퉁하지 않도록 주의를 기울이면서 밀대를 조심스럽게 굴려 원형의 파이 모양을 만든다. 이 파이는 22~24㎝의 베이킹 접시에 들어갈 수 있어야 한다.

베이킹 접시에 기름을 살짝 바른다. 파이를 뒤집어서 이음매가 아래로 가도록 접시 안에 넣는다. 티타월로 덮고 20분 동안 숙성시킨다. 취향에 따라 참깨나 큐민을 뿌린다. 180℃로 예열된 오븐에서 25~30분 동안 굽는다.

/ 파이 바닥에 수분이 많으면, 파이를 옮긴 뒤 접시를 다시 뜨거운 오븐에 넣어 습기를 제거한다.

Yavorivsky pie with chicken machka gravy

닭 마츠카 그레이비를 곁들인 야보리우시키 파이

반죽

- 체 친 밀가루 180g
- 물 90g
- 생이스트 10g
- 해바라기씨유 15g
- 설탕 2g
- 소금 2g

소

- 메밀 50g 또는 찐 메밀 110g
- 메밀 삶는 물 90g
- 삶은 감자 500g
- 염지 안 한 살로 120g
- 양파 150g
- 해바라기씨유 45g
- 간 후추 0.5g
- 마늘 10g
- 소금 7g
- 오레가노 0.5g
- 간 넛메그 1g

이스트에 설탕을 섞고 약간의 따뜻한 물을 넣어 걸쭉하게 만든다. 랩을 씌워 따뜻한 곳에 둔다. 이스트가 15~20분 내에 거품을 내야 한다.

밀가루에 소금과 나머지 물을 섞은 뒤 이스트와 기름을 넣어 부드러운 반죽을 만든다. 뚜껑을 덮어 따뜻한 곳에서 1시간 동안 발효시킨다.

감자를 깨끗이 씻어 껍질을 벗기고, 소금물에 삶은 뒤 으깬다. 메밀은 씻어 끓는 물에 넣고 뚜껑을 덮어 익힌 다음 30분 동안 그대로 두어 불린다. 살로는 잘게 썰어 기름이 녹도록 볶는다. 양파는 잘게 썰어 기름에 노릇하게 볶는다. 으깬 감자, 메밀, 살로, 양파, 향신료를 잘 섞는다. 소는 뚜렷한 마늘 향과 매운 후추 맛이 나야 한다.

반죽을 가장자리가 얇은 원형으로 밀어 편다. 숟가락으로 가운데에 소를 넣고 살짝 눌러 준다. 가장자리를 자루처럼 모아서 한데 붙인다. 반죽의 가장 두꺼운 부분인 이음매가 너무 울퉁불퉁하지 않도록 주의를 기울이면서 밀대를 조심스럽게 굴려 원형의 파이 모양을 만든다. 이 파이는 22~24㎝의 베이킹 접시에 들어갈 수 있어야 한다.

2 ☆ / 🔪 / 🔪 / 5 🍲 / 3 🍳 / 🥄 / 2 🥣 / 🥄 / 🍴 / 🖌

🥘 / 22~24 ㎝ / 🧺 / 🔳 / 🔲 / 🔳 / 🥣 / 3~4 h ⏱ / 4~6 👤

글레이즈

- 달걀 1개
- 우유 20g

닭 마츠카 그레이비

- 닭다리 720g
- 물 150g + 1250g
- 소금 15g
- 셀러리 줄기 20g
- 당근 20g
- 양파 20g
- 월계수 잎 0.2g
- 통후추 0.2g
- 올스파이스 0.2g
- 체 친 밀가루 50g
- 강황 1g
- 간 후추 1g
- 마늘 10g

베이킹 접시에 기름을 살짝 바른다. 파이를 뒤집어서 이음매가 아래로 가도록 접시 안에 넣는다. 티타월로 덮어 20분 동안 숙성시킨다. 취향에 따라 참깨나 큐민을 뿌린다. 180℃로 예열된 오븐에서 25~30분 동안 굽는다.

물에 씻은 닭다리를 찬물에 넣고 중불로 1시간 이상 끓여 거품을 제거한다. 깨끗이 씻어 껍질을 벗긴 당근, 양파, 셀러리를 육수에 넣는다. 육수가 완성되기 10분 전에 월계수 잎, 올스파이스, 통후추를 넣는다. 육수를 걸러 내고 뼈에서 고기와 껍질을 제거한 다음 다시 뼈를 육수에 넣는다. 다른 프라이팬에 밀가루를 볶은 뒤 식힌다. 찬물 150g에 밀가루를 넣고 부드러워질 때까지 녹인다. 이것을 뜨거운 육수에 조금씩 넣으면서 주걱이나 숟가락으로 젓는다. 육수를 중불로 몇 분간 끓인 뒤 소금과 후추로 간하고 마늘과 강황을 넣는다.

그레이비를 별도의 그릇에 담거나, 파이 조각에 뿌려서 낸다.

/ 파이 바닥에 수분이 많으면, 파이를 옮긴 뒤 접시를 다시 뜨거운 오븐에 넣어 습기를 제거한다.

Vorschmack
with apples

사과를 곁들인 포르슈마크

1 ☆ / 🔪 / 🧈 / 🍲 / 3 🥣 / 🍳 / 🥄 / 🥄
🔅 / 🥢 / 1 h ⏰ / 4 👤

포르슈마크

- 청어 필레 200g
- 버터(유지방 82.5%) 60g
- 달걀 1개
- 흰 식빵 60g
- 우유 80g
- 양파 20g
- 레네트 시미렌코 사과(또는 다른 신 품종의 사과) 40g

캐비아

- 강꼬치고기 캐비아 80g
- 샬롯 10g
- 해바라기씨유 10g

사과 마리네이드

- 사과 160g
- 화이트와인 식초 50g
- 물 100g
- 통후추 믹스 2g
- 통 코리앤더 2g
- 소금 4g
- 설탕 24g

장식

- 호밀빵 또는 호밀-밀빵 100g

양파를 잘게 썰어 끓는 물에 1분 동안 넣었다 뺀다. 달걀은 최소 8분 동안 삶고 반으로 자른다. 식빵을 우유에 넣어 불린다. 버터를 실온에 두어 부드럽게 만든다. 그 사이에 사과의 꼭지와 씨를 제거한다. 청어 필레를 블렌더에 넣고 버터를 제외한 다른 포르슈마크 재료들을 넣은 뒤 함께 간다. 버터를 넣고 스푼이나 스패튤러로 잘 섞는다. 필요에 따라 소금을 약간 넣는다.

사과를 4등분해 얇게 썬다. 사과를 제외한 마리네이드 재료를 냄비에 넣고 끓인 뒤 식힌다. 식힌 마리네이드 액에 사과를 넣어 1시간 동안 냉장 보관한다.

샬롯을 잘게 다져 강꼬치고기 캐비아과 함께 섞는다. 거품기로 잘 섞으면서 서서히 해바라기씨유를 넣는다.

빵을 팬에 기름 없이 바삭해질 때까지 굽는다.

포르슈마크를 접시에 담고 캐비어와 마리네이드한 사과로 장식한다. 따뜻한 크루통을 곁들여서 낸다.

Ukraine. Food and History

Section III

Stuffed carp

소를 채운 잉어(게필테 피슈)

- 잉어 2.6~3kg(1마리)
- 양파 1.5kg
- 버터 150g
- 물 2ℓ
- (짠맛의) 크래커 300g
- 세몰리나 50g
- 달걀 2개
- 달걀 노른자 1개
- 크림(유지방 20%) 250㎖
- 설탕 2ts
- 비트 1kg
- 당근 1kg
- 월계수 잎 2개
- 소금과 후추(취향에 따라)

양파의 일부를 껍질을 벗겨 반달 모양으로 썬다. 바닥이 두꺼운 팬에 양파와 버터를 넣고 황금빛 갈색이 될 때까지 볶은 뒤 식힌다.

내장을 제거한 잉어는 깨끗이 씻어 비늘을 벗긴다. 종이 타월로 물기를 닦아 낸다. 가위로 지느러미를 조심스럽게 자른다. 밑지느러미부터 시작해 대가리 주위에 2~3㎝ 길이로 칼집을 여러 개 낸다. 스푼 손잡이를 칼집 사이에 넣어 생선살을 누르면서 조심스럽게 껍질을 벗기다가 꼬리 부분에서 잘라 낸다.

생선 필레를 분리한다. 뼈에 남아 있는 생선살은 스푼을 이용해 발라 낸다(뼈와 지느러미는 버리지 않는다). 필레를 작은 조각으로 썰어 볶은 양파와 함께 섞는다. 1시간 동안 냉동한다.

필레를 냉동실에 넣어 둔 동안, 뼈와 지느러미를 2L의 물에 넣고 소금을 넣지 않은 채 끓여 육수를 만든다.

비트, 당근, 나머지 양파의 껍질을 벗기고 2~3㎜ 두께의 원형 또는 반달 모양으로 썬다. 짠 크래커를 크림에 흠뻑 적신다.

필레를 냉동실에서 꺼내 젖은 크래커를 넣고 섞은 뒤 고기 분쇄기에 간다. 필요하면 한 번 더 반복해 간다. 다진 생선에 세몰리나와 달걀, 노른자, 소금, 후추, 설탕을 넣고 잘 섞어 소를 만든다. 30분 동안 냉장고에 넣었다 꺼낸 소를 잉어 껍질에 채운다.

뚜껑이 있는 깊은 베이킹 접시 바닥에 채소의 1/3을 비트, 양파, 당근 순으로 번갈아 쌓는다. 소금으로 간을 하고 월계수 잎을 넣은 다음 그 위에 소를 채운 잉어를 올린다. 나머지 채소로 덮고 소금을 더 넣는다. 준비한 육수를 체에 걸러 잉어 위에 붓는다. 뚜껑을 덮고 160℃ 오븐에서 3시간 동안 익힌다.

육수가 다 졸아 없어지면 더 넣어 준다. 조리 후 3시간 동안 그대로 두었다가 냉장고에 밤새 넣어 둔다. 다음날 잉어를 적당한 크기로 잘라 낸다.

Meat rolls with smoked plums

훈제 자두 고기롤

고기 롤

- 돼지고기 또는 쇠고기 스테이크 360g
- 해바라기씨유 30g
- 달콤한 머스터드 40g
- 달걀 80g(2개)
- 체 친 밀가루 60g
- 랴젠카(발효된 구운 우유) 200g
- 신선한 자두 100g
- 버터 40g
- 설탕 5g
- 타임 가지 1개
- 소금과 후추(취향에 따라)

옥수수 죽 비스킷

- 옥수수가루 50g
- 물 150g
- 소금과 후추(취향에 따라)
- 버터 20g

장식

- 파 5g
- 어린 시금치 5g

고기 양면을 가볍게 두드려 부드럽게 만들고 소금, 후추로 밑간을 한 다음, 머스터드를 바르고 해바라기씨유를 뿌려 20~30분 동안 재운다.

고기를 재우는 동안 자두를 작은 조각으로 잘라 설탕을 약간 넣은 버터에 볶아서 살짝 캐러멜화한다. 자두를 그릇에 옮겨 담은 뒤 불이 서서히 타는 타임 가지를 넣고 접시나 쟁반으로 그릇을 덮는다. 타임이 타면서 자두에 은은한 훈연 향이 입혀진다.

끓는 물에 옥수수가루를 넣고 죽을 쑨다. 완성된 죽을 평평한 곳에 6~8㎜ 두께로 골고루 펴서 굳힌 다음, 원하는 모양으로 잘라 버터에 비스킷 양면을 노릇노릇하게 굽는다.

스푼을 이용해 재워 둔 고기 위에 캐러멜화한 자두를 얹고, 고기의 가장자리를 접은 뒤 돌돌 만다. 풀어 놓은 달걀과 밀가루를 차례대로 묻힌다.

프라이팬에 넣고 황금빛 갈색이 될 때까지 굽다가 랴젠카를 넣고 고기롤을 20분 더 익힌다.

완성된 고기롤을 6~8㎜ 길이로 썰어 꼬챙이에 꽂는다. 옥수수죽 비스킷 위에 어린 시금치 잎을 올리고, 고기롤 꼬치를 자두 소가 잘 보이도록 올린다. 파를 가늘게 썰어 장식한다.

Holubtsy in beetroot leaves

비트 잎 홀룹찌

2 ☆ / 🔪 / 🔲 / 2 🍲 / 🍳 / 🧀 / 🥄 / 🥣

🧂 / **1 h ~ 1 h 30 m** ⏰ / **4** 👤

- 어린 비트 잎 1 단
- 쌀 50g
- 당근 65g(1개)
- 양파 65g(1개)
- 다진 고기(돼지고기 또는 쇠고기) 250g
- 해바라기씨유 30g
- 스메타나 300g
- 소금과 후추(취향에 따라)

쌀에 약간의 소금을 넣은 물을 붓고 밥을 짓는다. 양파와 당근은 껍질을 벗기고 강판에 갈아 기름에 볶는다. 밥과 다진 고기, 볶은 채소를 섞고 후추를 뿌린 다음 다시 잘 섞는다.

찬물에 씻은 비트 잎을 몇 초 동안 끓는 물에 담갔다가 찬물(얼음 추가 가능)에 담가 식힌다. 각각의 잎에 스푼으로 소를 올리고 돌돌 말아 홀룹찌를 만든다. 홀룹찌를 냄비에 넣고 스메타나를 부어 30~40분 동안 졸인다. 스메타나가 너무 되면 물을 더해 준다.

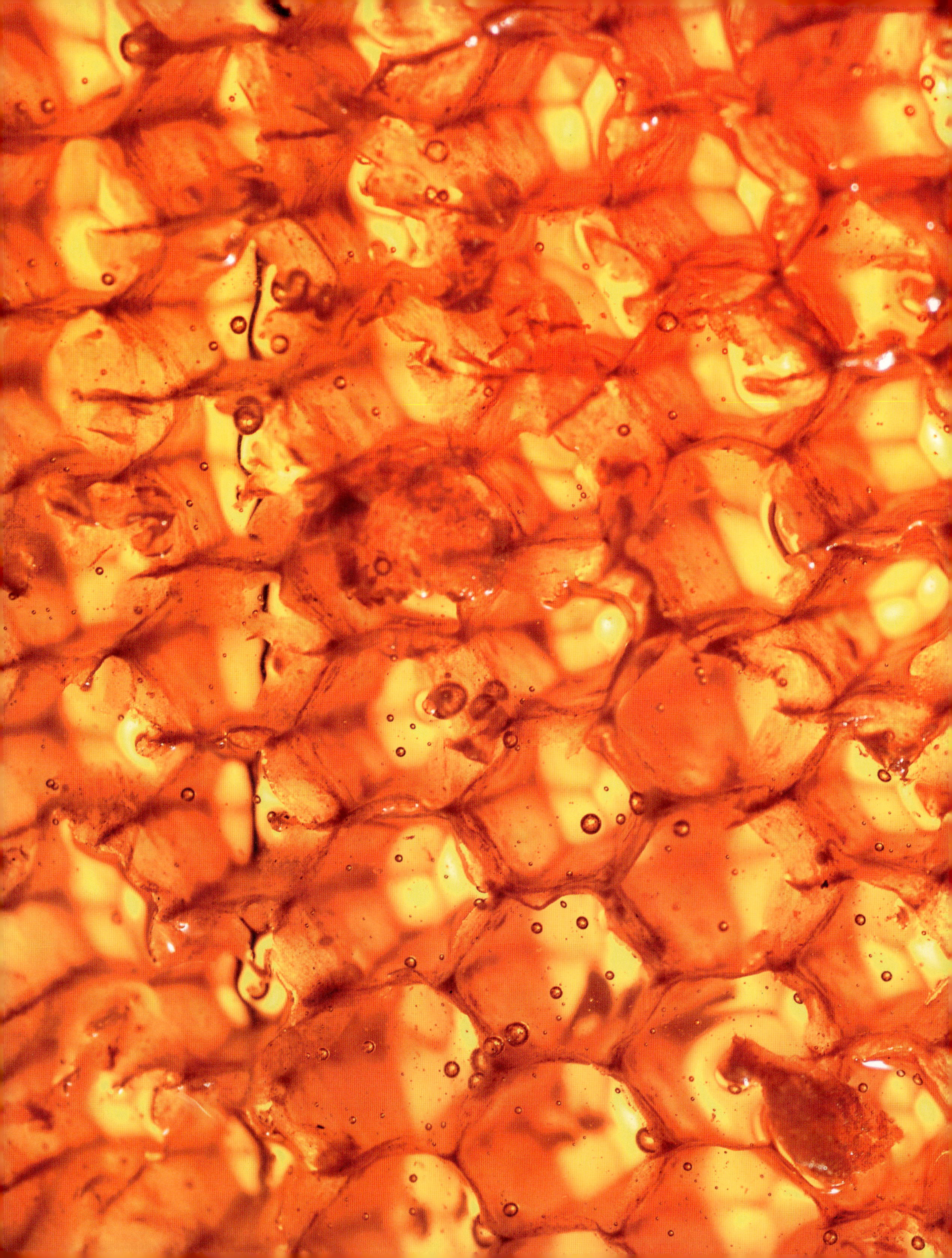

Section IV

Sweet treats 달콤한 간식

OLENA BRAICHENKO
IHOR LYLO

오늘날 우리는 초콜릿, 카카오 제품, 고급 페이스트리, 케이크, 과자 등 압도될 정도로 많은 달콤한 음식에 둘러싸여 살고 있다. 옛날에는 과자가 소수만을 위한 값비싼 간식이었다는 사실이 믿기지 않을 정도이다. 과거에 단맛은 발효 시리얼 요리, 생과일, 조리한 과일, 말린 과일, 그리고 꿀에서만 찾을 수 있었다.

꿀

여러 세대에 걸쳐 꿀은 달콤함의 왕이었다. 우크라이나 꿀 수확의 전통은 우크라이나 중세 국가였던 키이우-루시로 거슬러 올라간다. 꿀은 밀랍과 함께 우크라이나의 주요 식품 수출 품목 중 하나였다. 수확 과정은 엄격히 통제되었으며, 꿀과 밀랍의 모든 포장에는 수확 날짜와 장소가 표기되어 있었고 다양한 검사가 이루어졌으며 세금이 부과되었다.

꿀 수확은 10세기, 역사 문서에서 처음 언급되었다. 전문 양봉가들은 보르트니키(나무줄기 벌집을 뜻하는 '보르트'에서 유래되었고 시간이 지나면서 원시적인 인공 벌통을 가리키는 말이 됨)라고 불렸다. 야생 꿀의 수확은 기술과 지식이 필요한 위험한 일이었다. 꿀은 음료(미드, 신 꿀, 벌꿀 와인 등)와 벌꿀 과자를 만드는 데 사용되었다. 일부 꿀을 베이스로 한 음료는 최소 10년 동안 통에서 숙성되었다. 미드는 꿀을 자연적으로 발효시켜 만든 것으로, 일부는 꿀에 베리 주스를 섞기도 했다. 가장 기본적인 미드는 시타라고 불렸다. 벌집에 뜨거운 물을 부어 걸러 내면 다른 꿀 음료를 만드는 데 사용하는 희석된 꿀을 얻을 수 있었다. 꿀은 수많은 민요와 속담에도 등장한다. 우크라이나에서는 흔히 '즐거운 시간을 보내라'라는 표현으로 '꿀 호릴카(미드)를 마셔라'라는 말을 쓴다. 지난 몇십 년 동안 발효된 꿀로 만든, 미드와 비슷한 음료인 메두도부하는 시장에서 가장 인기 있는 알코올 음료 중 하나로 부활했다.

꿀은 우크라이나 요리에 쓰이는 인기 식재료일 뿐 아니라 오늘날까지도 중요한 수출품이다. 우크라이나는 세계 5대 꿀 수출국 중 하나이다. 꿀은 믈린찌, 부드러운 치즈, 과일과 함께 먹기도 하고 차나 우유에 넣거나 샐러드 드레싱이나 고기 소스에 사용된다.

OLENA BRAICHENKO
IHOR LYLO

우크라이나는 양봉 전통이 잘 발달되어 있으며 소비자의 대부분은 꿀의 종류에 대해 잘 알고 있다. 아카시아꿀은 거의 무색이고 투명하다. 녹색빛이 도는 야생화 또는 숲꿀은 황새냉이, 분홍바늘꽃, 렁워트, 헤더, 세이지, 토끼풀, 사초에서 수집된다. 흰꿀은 부드럽고 뚜렷한 향이 있다. 해바라기꿀은 특별한 황금색을 띠는 반면, 메밀꿀은 걸쭉하고 어두운 색을 띤다. 각각의 꿀은 특정 계절 및 자연 경관과 관련이 있으며, 이에 따라 고유한 풍미를 지닌다. 우크라이나에서 꿀은 양봉 전문 농장에서 상업적으로 구입할 수 있다. 또 두어 개 벌통에서 수십 개의 벌통을 보유한 개인 양봉가로부터 남는 꿀을 구입할 수도 있다.

설탕

1800년대는 우크라이나의 제과 역사를 혁명적으로 바꾼 시기였다. 이러한 변화는 사탕무의 재배와 가공에 의해 이루어졌으며, 이는 우크라이나의 디저트를 상당히 달게 만드는 결과를 가져왔다.

사탕무에서 설탕을 만드는 것은 사탕수수에서 설탕을 추출하는 것보다 훨씬 저렴했다. 1800년대 후반, 사탕무는 키이우, 체르니히우, 하르키우, 수미 및 남서 우크라이나의 포딜랴 주변 비옥한 땅에서 재배되었다. 지역간 설탕 생산 경쟁은 기술 발전 시대를 여는 데 도움이 되었다. 우크라이나의 설탕 사업은 테레슈첸코와 하리토넨코 같은 몇몇 강력하고 부유한 가문들에 의해 통제되었는데, 이들은 런던 증권 거래소에서 설탕 가격을 책정했다. 설탕의 대량 생산은 새로운 공장과 광범위한 철도 네트워크를 건설하고 무역을 촉진하였으며, 결과적으로 외교 관계와 문화를 발전시키는 강력한 원동력이 되었다. 우크라이나 설탕은 서아시아와 서유럽으로 수출되었다. 할리치나와 부코비나 지역에는 새로운 설탕 공장들이 세워졌다.

제당소와 설탕 가공 공장 외에도 유럽 여러 나라에 사탕과 과자를 수출하는 제과 공장 역시 우크라이나의 자랑거리가 되었다. 크로크말니코우 형제의 제과 회사는 오데사에서 케이크, 사탕과 과자를 생산한 최초의 회사였다. 1820년, 오스트리아-헝가리 제국 국민이었던 아브라함 크로크말니코우는 갓 구운 빵과 달콤한 페이스트리를 파는 베이커리에서 시작해 성공적으로 가업을 일으켰다.

율리우스 메이예로비치와 이반 라리오노우가 제조한 제품은 품질면에서 좋은 평가를 받았다. 빅터 피셔의 증기 동력 제과 및 제당 공장도 최고 수준의 제품을 생산했다.

오데사는 라자르 두바르드조글루 제과 공장에서 생산되는 할바로 세계적으로 유명했다. 1904년 두바르드조글루 할바는 런던 무역 박람회에서 상을 받기도 했다. 헤오르히 보르만이 운영하는 하르키우 공장과 키이우를 기반으로 한 발렌틴 에피모우 제과는 고품질 제품을 대량으로 생산했다. 1878년 보르만 코퍼레이션은 파리 세계 박람회에서 금메달을 받았고, 1904년 에피모우 제품은 런던과 브뤼셀에서 금메달을 수상했다.

할리치나 지역의 가장 큰 공장 중에는 리비우를 기반으로 하는 브란카 제과 공장과 성공적인 사업가 클리멘티나 아우디코비치가 설립한 프셰미실의 포르투나 노바가 있다. 이 두 제과 공장은 나중에 소련에 의해 합병되어 오늘날 우크라이나는 물론 해외에서도 잘 알려진 제과 브랜드, 스비토치(Svitoch)를 탄생시켰다.

1900년대 초, 우크라이나는 매우 다양한 과자, 캐러멜, 비스킷, 케이크, 초콜릿 바, 할바, 과일 젤리, 파스틸(드롭 캔디), 와플, 잼, 초콜릿 등과 관련된 약 70개의 제과 브랜드를 자랑할 수 있었다.

과자와 사탕은 개별 상점뿐만 아니라 도시와 마을에 있는 시장이나 노점상을 통해 판매되었다. 오늘날도 우크라이나는 초콜릿을 씌운 말린 과일과 견과류, 또는 대규모 회사나 개인 식품 장인들이 제조하는 디저트로 유명하다.

레스토랑 문화의 확장은 새로운 고급 디저트와 과자류의 개발을 촉진시켰다. 1800년대 후반에는 카페, 베이커리, 디저트숍, 커피숍이 급속히 증가하였다. 종종 외국인 셰프가 이러한 제과 매장의 운영을 위해 영입되었고, 그들이 가져온 새로운 조리법은 우크라이나에 뿌리를 내렸다. 디저트는 또한 정치적, 사회적 문제에 대한 구매자의 입장을 정의하는 데에도 도움이 되었다. 때때로 초콜릿이나 비스킷 한 상자의 가격에 추가 요금이 부과되었는데, 이는 나중에 가치 있는 일에 기부되었다.

OLENA BRAICHENKO
IHOR LYLO

전설적인 맛으로 유명한 소련식 플롬비르(프랑스 플롱비에르에서 유래)가 등장하기 전에도
우크라이나 사람들은 다양한 맛의 아이스크림을 즐겼다. 1900년대 초, 르비우와 키이우에서
발간된 요리책에는 아이스크림 조리법이 쓰여 있었다. 그보다 이른 17세기와 18세기에는
처음으로 아이스크림의 맛을 접할 수 있었다. 르비우 저명한 가문의 의사이자 수학자인 발레리안
알렘베크(Walerjan Alembek, 1617~1676)의 장서에서 발견된 프랑스 요리책(르 퀴지니에
프랑수아, 1651)에서도 아이스크림 레시피를 볼 수 있다. 18세기 초기의 보고서에 따르면
르비우의 제빵사들은 이미 얼음을 사용하여 아이스크림을 만들었으며, 1775년 여름에는
리마르스카탑이라는 이름으로도 알려진 가죽세공인들의 탑이 얼음 저장고로 사용되었다고
한다. 한편 르비우의 아이스크림 상인들은 커피, 오렌지, 살구, 산딸기 등을 추가해 새로운 맛의
아이스크림을 내놓았다.

OLENA BRAICHENKO
IHOR LYLO

잼

과거에는 꿀(나중에 설탕 시럽으로 대체)에 과일을 넣고 끓인 뒤 다시 그 꿀물에 과일을 절인
디저트인 '키이우식 과일 절임'이 이 도시의 대표적인 디저트 중 하나였다.

18세기, 이와 같은 과일절임은 독일어 단어 '콘펙트'로도 알려졌고 과일 젤리, 잼, 또는
콩피튀르와 맛과 질감이 비슷하여 부유한 도시 사람들 사이에서 매우 인기가 있었다.
1800년에서 1900년대에 걸쳐 이 디저트는 키이우에서 통용되는 훌륭한 선물이자 맛 좋은
기념품이었다. 장미 꽃잎, 야생 딸기, 라즈베리, 레드커런트, 타트체리, 배, 살구, 복숭아, 자두,
가시자두(슬로)로 만든 것들이 특히 인기가 있었다. 이 외의 특이한 조합으로는 포도와 설익은
호두가 있다.

말린 과일, 특히 캐러멜화한 다음 흙 오븐에서 훈연 처리한 배와, 꿀로 조리한 과일의 역사는
원예가 급속히 발전하고 많은 도시 거주자와 대규모 수도원들이 잘 관리된 정원을 가지고
있던 17세기로 거슬러 올라간다. 타트체리, 가시자두, 산수유, 자두, 배나무들이 무성한
과수원은 키이우의 트레이드마크가 되었다. 17세기 우크라이나의 바로크 시인 클리멘티
지노비우(Klymentiy Zynoviyiv)는 새로운 정원을 가꾸고 과일나무를 접목하는 정원사들에게
자신의 시 중 하나를 바치기까지 했다고 전해진다. 17세기에 우크라이나를 여행했던 알레포의
바오로(Paul of Aleppo)는 그의 연대기에서 향신료를 듬뿍 넣은 설익은 호두와 타트체리로 만든
잼을 맛본 기록을 남겼다.

1800년대 도시에서는 잼, 과일 꿀절임, 그 밖의 디저트가 경쟁이 치열한 대규모 사업이 되었다.
우크라이나 좌안 지역, 특히 슬로보잔슈치나에서는 가든 티파티가 전통으로 자리잡았으며, 이
티파티에서는 설탕봉, 꿀, 잼과 같은 달콤한 간식을 제공하는 것이 유행이었다.

잼은 종종 과수원이나 채소밭에서 모닥불로 조리되었다. 그 과정에는 일반적으로 온 가족이
참여했다. 잼은 천천히 끓이다가 중간중간 불에서 내려 여러 번 쉬게 했다. 잼을 조리하는 사람은
주기적으로 거품을 걷어 내고 맛을 보았다.

OLENA BRAICHENKO
IHOR LYLO

페이스트리

전통적으로 서부 우크라이나는 달콤한 페이스트리로 유명하다. 중세 후기부터 현재까지 르비우에서는 장식이 없는 평범하고 부드러운 페이스트리와 정교한 장식의 페이스트리, 두 종류의 페이스트리가 구워지고 있다. 장식이 있는 페이스트리는 고위 인사나 관료는 물론 가까운 친구들이나 사랑하는 사람들에게 적합한 선물이 되었다. 도시인들은 부드럽게 구운 페이스트리를 크리스마스 식탁에 올리거나 가벼운 간식으로 즐겼다. 말린 진저브레드는 예방약으로 군대에 공급되기도 했다. 또 과거에는 진저브레드가 호릴카(우크라이나식 보드카)나 기타 알코올 음료에 적합한 안주로 여겨졌다.

시간이 지나면서 진저브레드는 더욱 인기를 얻었고 독창적인 조리법과 독특한 지역 이름으로 유명한 지역 디저트가 되었다. 유라쉬키 *юрашки*라는 이름은 1600년대부터 르비우의 성 유리* 대성당 앞 광장에서 매년 열리는 음식 박람회에서 유래되었다. 상인들은 5월 6일, '성 유리의 날' 2주 전에 도착하기 시작했고, 그 후 2주 동안 유라쉬키를 팔았다.

/ *동방 정교회의 성 유리는 카톨릭교에서 성 조지라고 부른다.

과거에는 전통적으로 약제상이 과자를 제조하고 판매하였다. 동방의 향신료, 마지팬, 잼, 감귤류 등이 의약품과 함께 선반에 진열되었다. 약제상은 또한 케이크와 비스킷 틀도 판매하였다.

서부 우크라이나는 페이스트리 및 케이크 제조의 전통을 가지고 있으며, 특히 르비우의 크림치즈 프리터와 슈트루델에 대해 자부심을 가지고 있다. 최근 몇 년 동안 르비우는 도시의 대표적인 음식이 된 많은 디저트를 되찾았다. 우크라이나 인들은 키이우 케이크, 이바노-프란키우시크의 프란키우시크 케이크, 루한시크의 광부 케이크, 자카르파탸의 시그니처 디저트인 우즈호로드 케이크와 같은 전통적인 레이어 케이크의 레시피를 되살리기 위해 많은 노력을 기울여 왔다.

OLENA BRAICHENKO
IHOR LYLO

우크라이나 남부의 독특한 전통 디저트는 주로 지중해 요리에서 영감을 받았다. 우크라이나 크림 반도의 토착민인 크림 타타르족은 입에서 살살 녹는 달콤한 비스킷인 쿠라비예*кхурабіє*, 바삭바삭한 바클라바*бакхлава*, 부드러운 풀투*фулту*, 관혼상제용 할바, 유쥼-에리크 자두로 만든 잼 등 강한 제과의 전통을 가지고 있다. 이 디저트들은 햇볕과 바닷바람을 흠뻑 받은 산과 야생의 대초원에서 탄생하였다.

플라친타는 아조우해 연안부터 몰도바까지, 우크라이나 남부 전역에서 인기 있는 페이스트리이다. 이 파이는 사과, 체리, 딸기 등 다양한 속재료를 넣어 만든다. 다른 인기 있는 디저트로는 말린 체리를 곁들인 바레니키, 견과류와 스메타나(사워크림)를 곁들인 건자두 등이 있다.

우크라이나인들은 축제용이든 일상용이든 집에서 만든 디저트를 좋아한다. 집에서 만든 디저트에는 다양한 버터 비스킷, 과일 롤, 달콤한 크림치즈와 양귀비 씨와 사과와 체리를 넣은 번, 다양한 종류의 크림 필링이나 견과류, 또는 과일과 베리층을 넣은 플랴츠키*пляцки*라고 불리는 긴 슈트루델 모양의 페이스트리 롤 등이 있다.

Plump varenyky with assorted fillings

다양한 소를 넣은 통통한 바레니키

2 ★ / 🍲 / 🥣 / 🥄 / 🥄 / 🥛 / 🥢 / 🍡

1 h~1 h 20 m ⏰ / 5 👤

약 1kg의 반죽

- 유청 250g
- 달걀 2개
- 체 친 밀가루 550~600g
- 소금 5g
- 설탕 20g
- 드라이 이스트 6~8g(또는 압착/생이스트 18~24g)

약 1kg의 베리 필링

- 씨 뺀 타트체리 또는 딸기 750g
- 설탕 250~300g
- 녹말 75~90g

드레싱

- 스메타나 200g
- 설탕 50g

• **반죽** 달걀을 풀어 유청과 섞는다. 밀가루에 설탕, 소금, 드라이 이스트를 섞어 달걀 혼합물에 넣는다. 잘 반죽한 다음 20~25분 동안 그대로 둔다.

• **소** 과일과 설탕을 냄비에 넣고 열을 가해 과즙이 나오고 설탕이 녹을 때까지 살짝 볶는다. 녹말을 더해 넣고 덩어리지지 않도록 잘 섞은 뒤 식힌다.

반죽을 밀어 편 뒤 컵을 사용해 원형으로 잘라 낸다. 소를 고르게 넣는다. 반으로 접고 가장자리를 잘 꼬집어 붙여 바레니키를 만든다.

끓는 물에 바레니키를 넣고 물 위로 떠오를 때까지 3~5분 동안 익힌다.

스메타나 또는 휘핑 크림을 곁들여 낸다.

/ 바레니키의 색을 바꾸고 싶다면 물이나 유청 대신 당근, 비트, 시금치, 또는 타트체리 주스를 동일한 양으로 대체한다.

/ 만약 과일과 베리의 즙이 많지 않다면 녹말을 넣을 필요가 없다.

Baked varenyky with curd cheese

구운 코티지 치즈 바레니키

- 반죽(시제품 또는 이 책의 다른 바레니키 반죽) 300g
- 코티지 치즈(유지방 9%) 300g
- 분당 40g
- 달걀 노른자 4개
- 요리용 크림(유지방 30%) 300g
- 소금 6g
- 버터 40g

반죽을 3㎜ 두께로 밀어 편다. 치즈를 고운 체에 문질러 내린 뒤 달걀 노른자와 분당을 넣고 잘 섞어 소를 만든다. 컵을 사용하여 반죽을 원형으로 잘라 낸다. 소를 고르게 넣고 반으로 접어 가장자리를 잘 꼬집어 붙인다.

바레니키를 소금을 약간 넣은 물에 넣고 8~10분 동안 익힌 다음 체에 받쳐 물기를 뺀다. 베이킹 팬에 버터를 바른 후 바레니키를 넣는다. 바레니키에 요리용 크림을 부은 뒤 200C 오븐에서 5~10분 동안 굽는다.

/ 치즈 소에 견과류나 말린 베리를 추가할 수 있다(건베리는 사용 전에 물에 담가 둔다).

Lazy varenyky
with berries

베리를 곁들인 게으른 바레니키

1 ☆ / ⭐ / 🔪 / 🥫 / 🍲 / 🥣 / 🥖 / 🫗 / 🍳 / 🍳

25~35 m ⏰ / 2 👤

- 코티지 치즈(유지방 9%) 500g
- 체 친 밀가루 125~150g
- 달걀 노른자 5개
- 설탕 50g
- 녹인 버터 50g
- 소금 2g

치즈를 블렌더로 갈거나 체에 문질러 내린다. 달걀 노른자, 설탕, 녹인 버터, 약간의 소금, 밀가루를 섞은 뒤 치즈에 넣고 반죽한다. 밀가루를 뿌린 도마에 반죽을 굴려 가는 소시지 모양으로 만든다. 소시지 모양의 반죽을 평평하게 살짝 누른 다음 작은 크기로 자른다. 소금을 약간 넣은 끓는 물에 반죽을 넣어 물 위로 뜰 때까지 익힌다. 체에 밭쳐 물기를 뺀다.

스메타나와 함께 내거나 녹인 버터와 계절 베리를 곁들인다.

/ 블렌더가 없으면 가는 체에 두세 번 내린다.

Ukraine. Food and History

Filled pancakes with curd cheese

코티지 치즈를 채운 믈린찌(크레이프)

2 ☆ / 🍳 / 🥄 / 🍳 / 🍳 / 🧺 / 🥄 /

🥄 / 30~40 m ⏱ / 4 👤

반죽

- 체 친 밀가루 500g
- 설탕 40~50g
- 달걀 5개
- 우유 1~1.2ℓ
- 해바라기씨유 25g
- 소금 8g
- 버터 50g

소

- 코티지 치즈(유지방 9%) 600g
- 분당 25g
- 달걀 노른자 3개
- 버터 50g

우유를 볼에 넣고 설탕과 소금을 넣어 핸드블렌더로 섞는다. 달걀을 넣고 섞은 뒤 체 친 밀가루를 조금씩 넣는다. 덩어리가 생기지 않도록 잘 섞고 해바라기씨유를 넣는다. 이때 반죽은 액체 상태여야 하며 쉽게 부을 수 있어야 한다. 국자로 반죽을 적당량 떠서 가열된 프라이팬에 얇고 고르게 붓는다. 양면을 10~15초 동안 익힌 다음 뜨거울 때 버터를 바른다.

코티지 치즈를 고운 체에 문질러 내린 뒤 달걀 노른자와 분당을 넣고 잘 섞어 소를 만든다. 각 믈린찌 위에 소를 약간 얹고 가장자리를 안으로 접은 뒤 돌돌 만다. 각 롤에 버터를 바른 뒤 베이킹 접시에 넣고 180℃로 예열된 오븐에서 10~20분 동안 굽는다.

Sweet cheese fritters

달콤한 치즈 프리터

2 / 35 m / 2

프리터

- 코티지 치즈 220g
- 설탕 20g
- 세몰리나 30g
- 달걀 노른자 1개
- 체 친 밀가루 30g
- 튀김용 기름 50g
- 스메타나(유지방 20%) 80g
- 분당 10g
- 신선한 민트(선택)

소스

- 신선한 잘 익은 살구, 라즈베리 또는 딸기 150g
- 설탕 20g
- 물 50g

자른 살구나 베리를 작은 냄비에 넣은 뒤 물과 설탕을 넣고 끓인다. 3분 정도 천천히 졸인 다음 체에 걸러 소스를 완성한다.

치즈의 과도한 수분을 제거한다(요리하기 1시간 전에 치즈를 면포에 싸서 체에 넣고 그 위에 누름돌을 올려 물기를 뺀다). 수분을 제거한 치즈를 고운 체에 문질러 내린 뒤 설탕, 세몰리나, 달걀 노른자를 넣고 잘 섞는다. 각각 25그램씩 공모양을 만들어 밀가루에 굴린 뒤 손으로 동그라미나 잎 모양의 프리터를 만든다.

가열한 팬에 기름을 두르고 프리터를 양면이 노릇노릇해질 때까지 굽는다. 종이 타월에 올려 여분의 기름을 제거한다. 접시에 담고 소스와 분당을 뿌린 뒤 스메타나를 얹고 신선한 민트로 장식한다.

Baked cheesecake

구운 치즈케이크

2 ☆ / ▽ / ⊞ / ⛃ / ⎰ / ▦ / ▭ /

1 h ⏰ / 2 👤

- 코티지 치즈 300g
- 달걀 1개
- 달걀 노른자 1개
- 스메타나(유지방 20%) 50g
- 설탕 30g
- 체 친 밀가루 15g
- 버터 10g

버터를 제외한 모든 재료를 볼에 넣고 핸드블렌더를 사용하여 부드러워질 때까지 잘 섞는다. 버터를 바른 베이킹 팬에 섞은 재료를 붓고 180℃로 예열된 오븐에 넣은 뒤 20분간 굽는다. 치즈케이크를 오븐에서 꺼내 깨끗한 천 또는 트레이 뚜껑으로 덮는다. 이때 김이 빠져나갈 수 있도록 뚜껑을 덜 닫는다. 실온에서 식혀 낸다. 이 치즈케이크는 세라믹 베이킹 접시로도 만들 수 있다.

/ 설태너 건포도, 건살구, 건자두 및 호두를 넣을 수 있다. 설탕은 바닐라 설탕이나 꿀로 대체할 수 있다.

Apple rings in batter

사과링 튀김

1 / 20 m / 5~6

- 달걀 1개
- 수제 케피르(발효유) 또는 유지방 2.5% 함유 케피르 400g
- 설탕 50g
- 소금 1g
- 체 친 밀가루 250g
- 신선한 사과 3개
- 베이킹 소다 0.5ts
- 튀김용 기름 50g
- 분당 20g

케피르(발효유)를 볼에 붓고 베이킹 소다를 섞은 다음 5분 동안 그대로 둔다. 소금, 설탕, 달걀을 넣어 섞은 뒤 밀가루를 넣고 거품기로 반죽이 부드럽고 적당히 걸쭉해질 때까지 섞어 튀김옷을 만든다. 사과의 심을 제거하고 0.5㎜ 두께의 링 모양으로 자른다.

튀김용 팬에 기름을 1㎝ 높이로 붓고 중불에 데운다. 각각의 사과링에 튀김옷을 입힌 뒤 튀김 팬에 넣고 양면이 노릇노릇해질 때까지 네 번 뒤집어 튀긴다. 종이 타월에 올려 여분의 기름을 제거한다. 사과 링을 접시에 담고 분당을 뿌린다.

Deep-fried verhuny

베르후니

2 ☆ / / / / / 2 / / /

/ 1 h / 10

- 달걀 3개
- 케피르(발효유, 유지방 3.2%) 500g
- 설탕 50g
- 베이킹 소다 6g
- 식초 7g
- 라드 또는 버터/마가린 100g
- 체 친 밀가루 700~800g
- 호릴카 40g
- 분당 100g
- 튀김용 기름 800~1000g

달걀과 설탕을 섞고 케피르를 더해 믹서로 다시 섞는다. 밀가루에 식초로 활성화한 베이킹 소다를 넣는다. 라드(또는 버터나 마가린)를 넣고 달걀혼합물과 호릴카를 넣는다. 잘 반죽해 20~30분 동안 뚜껑을 덮어 놓는다.

반죽을 0.5~0.7㎝ 두께로 밀어 펴 약 8×4㎝ 크기의 직사각형 또는 다이아몬드 모양으로 자른다. 각 조각의 중앙에 50원 동전 크기의 구멍을 내고 모서리 한 쪽을 구멍 사이에 넣어 조심스럽게 잡아당긴다.

튀김기에 기름을 붓고 170℃로 데운다. 집게를 이용해 베르후니를 하나씩 기름에 넣어 양면이 노릇노릇해질 때까지 2~3분간 튀긴다.

익힌 베르후니를 종이 타월에 올려 여분의 기름을 제거한 뒤 분당을 뿌린다.

/ 식초로 베이킹 소다를 활성화하고 싶지 않다면 베이킹 파우더를 사용한다. 라드는 스메타나로 대체할 수 있다.

Pirnyky

피르니키

1

30~40 m / **4**

- 설탕 100g
- 달걀 노른자 3개
- 버터 50g
- 스메타나(유지방 20%) 100g
- 베이킹 파우더 5g
- 체 친 밀가루 150g

부드러워진 버터와 설탕을 볼에 넣고 거품기로 섞는다. 스메타나와 베이킹 파우더를 섞고 5분간 그대로 둔다. 달걀 노른자를 넣고 다시 섞은 뒤 밀가루를 넣는다. 작업대에서 탄력 있고 부드러우며 끈적이지 않을 때까지 반죽한다. 필요에 따라 밀가루를 조금씩 더한다.

반죽을 1.5㎝ 두께로 밀어 편다. 칼을 이용해 다이아몬드 모양으로 자르거나 컵을 이용해 둥근 모양으로 잘라 낸다. 베이킹 페이퍼를 깐 베이킹 팬에 간격을 두고 배열한다. 180℃로 예열한 오븐에서 10~15분 동안 굽는다.

Honey biscuits with chocolate

초코 꿀 비스킷

2 ☆ / / / / / / /

1 h 30 m / 5~6

- 버터 200g
- 설탕 100g
- 꿀 100g
- 달걀 1개
- 체 친 밀가루 220g
- 카카오 파우더 80g
- 시나몬 파우더 5g
- 베이킹 파우더 5g
- 구운 호두 분태 50g

상온에 두어 부드러워진 버터와 설탕을 볼에 넣고 핸드블렌더로 섞는다. 꿀을 넣고 주걱으로 섞은 뒤 달걀을 넣고 섞는다. 밀가루, 카카오 파우더, 베이킹 파우더, 시나몬, 호두 분태를 넣고 섞은 다음 작업대에 옮겨 손으로 반죽한다. 반죽을 랩으로 싸 냉장고에 20~40분 넣어 둔다.

반죽을 꺼내 각각 8~10g의 둥근 공모양으로 만든다. 베이킹 페이퍼를 깐 베이킹 팬에 엇갈려 배열한다. 예열한 160℃ 오븐에서 10~15분 굽는다.

/ 설탕은 꿀로 대체할 수 있다. 건타트체리 또는 건크랜베리를 넣을 수도 있다.

Zavyvanets

자비바네찌(양귀비씨 롤)

2 ☆ / 🍲 / 3 🥣 / 🍴 / 🥄 / 🍶 / 🧺 / 🍳 / 🕯

🥖 / 🍹 / 🖌 / 3 h 30 m ~ 4 h ⏰ / 6~8 👤

반죽

- 체 친 밀가루 1kg
- 드라이 이스트 12g
- 설탕 250g
- 우유 400g
- 달걀 3개
- 버터 150g
- 소금 15g
- 바닐라 설탕 10g
- 식물성 기름 10g

소

- 양귀비씨 400g
- 버터 50g
- 설탕 300g
- 살구잼 200g

글레이즈

- 달걀 노른자 2개
- 우유 2Ts

양귀비씨를 냄비에 넣고 끓는 물을 부어 1시간 동안 쓴맛을 우려 낸다. 그 사이에 반죽 스타터를 만든다. 먼저 드라이이스트를 그릇에 넣고 설탕 1스푼, 따뜻한 우유 100g, 밀가루 100g을 넣어 잘 섞는다. 천으로 덮어 따뜻한 곳에 30분 동안 둔다. 다른 볼에 달걀을 깨뜨려 넣고 남은 설탕, 바닐라 설탕, 소금을 넣어 거품기로 잘 섞는다. 따뜻한 곳에 두었던 반죽 스타터를 달걀 혼합물에 넣고 부드러워진 버터와 나머지 우유를 넣어 잘 섞는다. 밀가루를 조금씩 넣으면서 반죽을 만든다. 작업대에 밀가루를 뿌리고 그 위에 반죽을 놓은 뒤 끈적이지 않을 때까지 치댄다. 반죽을 기름칠한 깨끗한 그릇에 넣고 천으로 덮은 다음 따뜻한 곳에서 1~2시간 발효시킨다.

발효가 진행되는 동안 소를 준비한다. 양귀비씨를 고운 체에 걸러 물기를 뺀다. 양귀비씨를 다시 냄비에 담고 물을 부은 뒤 버터를 넣어 끓인다. 40분간 천천히 끓인 다음 양귀비씨를 체에 걸러 물기를 뺀다. 양귀비씨를 그릇에 넣고 설탕을 섞는다. 블렌더로 간 뒤 살구잼을 섞어 소를 완성한다. 밀가루를 뿌린 작업대에 발효된 반죽을 놓고 가볍게 반죽한다. 2등분하여 20분간 그대로 두었다가 밀대를 이용하여 각각 두께 1㎝의 직사각형 시트를 만든다.

양귀비씨 소 200g을 반죽 두 장에 가장자리 1㎝를 남겨 두고 균등하게 나누어 바른다. 각각의 반죽을 말아 기름칠한 베이킹 팬에 넣는다. 천으로 덮어 따뜻한 곳에 30분간 놓아 둔다. 달걀 노른자와 우유를 섞어 붓으로 롤에 바르고 남은 양귀비씨 소로 장식한다. 주방용 천으로 덮어 다시 20~30분 동안 그대로 둔다. 오븐을 180℃로 예열한 뒤 오븐에 넣고 40~50분 동안 굽는다.

Horseshoe biscuits

편자 비스킷

2

- 건조 헤이즐넛 100g
- 체 친 밀가루 300g
- 설탕 100g
- 버터 200g
- 달걀 노른자 2개
- 소금 5g
- 분당 100g

헤이즐넛을 구워 식힌 뒤 블렌더나 커피 분쇄기에 간다. 달걀 노른자와 밀가루를 제외한 재료를 분쇄한 헤이즐넛에 넣고 부드러워질 때까지 섞는다. 헤이즐넛 혼합물에 달걀 노른자를 넣고 밀가루를 조금씩 넣으면서 주걱으로 다시 섞는다. 손으로 반죽한 다음 랩으로 싸 냉장고에 몇 시간 동안 둔다.

반죽을 1.5㎝ 두께로 밀어 펴고 길이 4㎝, 폭 1~2㎝의 직사각형으로 자른다. 긴 쪽을 가로로 놓고 돌돌 만 뒤 양쪽 끝을 얇게 만든다. 각 롤을 말굽 모양으로 구부린다. 말굽 모양 반죽을 베이킹 페이퍼를 깐 베이킹 팬에 간격을 두고 배열한다. 180℃ 오븐에서 10분 동안 굽는다. 구운 비스킷에 분당을 뿌린다.

/ 반죽은 압착 이스트(20g)와, 우유(150g)를 섞어 만들 수도 있다. 방법은 이 재료들을 마지막 단계에 넣고 반죽하는 것인데 이때 반죽의 탄력이 유지되도록 해야 한다.

Poppy seed cake with hazelnuts

헤이즐넛 양귀비씨 케이크

2 ☆ / 🔪 / 🔲 / 2 🥣 / 🥄 / 🔲 / 🔨 / 🔲 / 🔲

🥄 / 1 h~1 h 20 m ⏰ / 3 👤

케이크 500~600g 분량

- 달걀 6개
- 양귀비씨 90g
- 버터 120g
- 설탕 150g
- 헤이즐넛 분태 80g

달콤한 소스

- 스메타나(유지방 25%) 100g
- 분당 15g
- 신선한 민트 10g
- 솔방울잼 75g

달걀 노른자와 흰자를 분리한다. 달걀 흰자는 휘핑하고 달걀 노른자는 설탕과 섞는다. 설탕을 섞은 달걀 노른자에 부드러워진 버터와 헤이즐넛, 양귀비씨를 넣고 섞는다. 거품기로 휘핑한 달걀 흰자를 노른자 반죽에 넣고 부드럽게 섞는다.

베이킹 페이퍼를 깐 베이킹 팬에 반죽을 붓고 180℃로 예열된 오븐에서 30~40분 동안 굽는다. 케이크가 완성되면 약간 식힌다.

스메타나와 분당을 섞은 뒤 잼의 절반을 넣고 섞는다. 케이크를 조각으로 잘라 접시에 담는다. 달콤한 스메타나 소스를 얹고 남은 잼으로 장식한다.

잼에 들어 있는 솔방울을 잘게 다져 케이크 위에 뿌린다. 신선한 민트로 장식한다.

/ 헤이즐넛은 호두로 대체할 수 있다. 양귀비씨는 쓴맛을 없애기 위해 가볍게 볶거나 끓는 물에 담갔다가 사용할 수 있다.

/ 솔방울잼은 설익은 호두잼이나 다른 잼으로 대체할 수 있다. 단, 케이크를 적셔야 하므로 당도가 높고 걸쭉한 질감의 잼이어야 한다.

Cream cheese dessert

크림치즈 디저트

- 유크림(유지방 함량 35%) 100g
- 분당 10g
- 코티지 치즈(유지방 9%) 160g
- 라즈베리 30g
- 블랙베리 30g
- 야생 딸기 30g
- 헤이즐넛 20g
- 꿀 15g
- 귀리 플레이크 30g
- 신선한 민트 10g

차가운 크림과 분당을 함께 휘핑한다. 치즈를 체에 문질러 휘핑한 크림에 넣고 부드러워질 때까지 섞는다. 귀리 플레이크를 프라이팬에 굽고, 다진 헤이즐넛과 꿀을 더해 캐러멜화한다. 다른 그릇에 옮겨 식힌다.

베리를 씻어 말린다. 비스킷 커터나 짤주머니를 이용해 크림치즈의 모양을 잡는다. 크림치즈를 접시에 담고 야생 베리를 올린 뒤 바삭바삭한 귀리와 헤이즐넛을 뿌린다. 신선한 민트로 장식한다.

/ 다양한 제철 야생 베리를 사용해도 된다.

/ 다진 헤이즐넛과 캐러멜화한 오트밀은 요리에 바삭바삭한 식감을 주고 풍미를 돋보이게 한다.

Honey cake

꿀 케이크

3 ☆ / 2 / / / / / / /
/ / / / 2 / 24~30 h / 10

Ukraine. Food and History

크림

- 스메타나 520g
- 설탕 170g
- 유크림(유지방 함량 30%) 210g
- 바닐라 설탕 5g

케이크

- 꿀 160g
- 설탕 100g
- 버터 250g
- 체 친 밀가루 650g
- 베이킹 소다 12g
- 식초 9% 15g
- 달걀 2개

• **크림** 스메타나, 설탕, 바닐라 설탕을 함께 섞는다. 다른 볼에 크림을 휘핑한 뒤 스메타나 혼합물에 넣고 주걱으로 섞는다.

• **케이크** 볼에 꿀을 넣고 설탕과 버터를 더해 중탕으로 녹인다. 90℃까지 가열한 뒤 식초로 활성화한 베이킹 소다를 넣는다. 밀가루 300g을 조금씩 나누어 넣으면서 계속 젓는다. 불에서 내려 식힌 다음 달걀을 넣고 나머지 밀가루를 반죽에 섞는다. 랩으로 싸서 냉장고에 3시간 동안 넣어 둔다. 밀대를 이용해 반죽을 지름 26㎝, 두께 1㎜의 원형으로 여러 장 밀어 편다. 베이킹 페이퍼 위에 반죽을 놓고, 굽는 동안 부풀어 오르지 않도록 포크로 구멍을 낸다. 베이킹 페이퍼를 이용하여 반죽을 실리콘 매트를 깐 베이킹 팬에 옮긴다. 오븐에 넣은 뒤 200℃에서 5분간 굽는다. 한 장당 5분씩 구운 케이크 스펀지 여러 장을 24㎝ 케이크 틀을 이용해 자른다.

케이크 틀 바닥에 베이킹 페이퍼를 깐다. 스펀지와 크림을 번갈아 쌓아 층을 만든다. 케이크는 7~9층으로 쌓고 최대한 12층을 넘지 않도록 한다. 자르고 남은 스폰지 부스러기는 밀대로 으깨어 둔다.

크림이 스펀지에 흡수되도록 케이크를 냉장고에 24시간 넣어 둔다. 윗면에 케이크 가루를 뿌린다. 틀을 제거하고 케이크 옆면도 케이크 가루로 덮는다.

/ 케이크를 냉동한 뒤 해동하면 크림 흡수가 빨라질 수 있다.

Kyiv cake

키이우 케이크

3 ☆ / 2 / 8 h / 8

케이크 스펀지

- 달걀 흰자 300g
- 설탕 345g
- 바닐라 설탕 15g
- 헤이즐넛 120g
- 땅콩 60g
- 껍질을 벗긴 단밤 45g
- 체 친 밀가루 66g

크림

- 우유 240g
- 버터(유지방 82.5%) 210g
- 설탕 60g
- 바닐라 설탕 6g
- 옥수수전분 30g
- 껍질을 벗긴 밤 60g
- 너트 리큐어 15g
- 카카오 가루 6g

• **케이크** 달걀 흰자를 믹서에 넣고 휘핑하다가 설탕과 바닐라 설탕을 조금씩 넣으면서 중속으로 스노우 픽이 생길 때까지 휘핑한다. 설탕이 완전히 녹을 때까지 휘핑해야 한다. 속도를 줄이고 견과류와 밀가루를 차례로 넣고 천천히 섞는다.

베이킹 페이퍼를 깐 베이킹 팬에 반죽을 약 1.5~2㎝ 높이로 고르게 펴 넣는다. 150℃ 오븐에서 30분 동안 구운 뒤 온도를 100℃ 로 낮추고 한 시간 더 굽는다. 케이크 틀에 맞게 스펀지 4개를 잘라 낸다. 잘라 내고 남은 부스러기는 블렌더로 갈아서 케이크 옆을 장식하는 데 사용한다.

• **크림** 블렌더를 사용하여 우유, 설탕, 바닐라 설탕, 밤을 섞는다. 냄비에 옮긴 뒤 옥수수전분을 넣는다. 크림이 걸쭉해질 때까지 계속 저어가며 중불에서 끓여 커스터드 크림을 만든다. 2분 더 끓인 다음 불에서 내린다. 크림을 60℃로 식힌 다음 버터를 넣는다. 부드러워질 때까지 섞고 리큐어를 넣는다.

크림의 1/5을 따로 덜어 놓고 나머지에 코코아 가루를 넣어 초콜릿 크림을 만든다.

스펀지층 사이사이에 흰 크림을 바르고 옆에도 흰 크림을 바른다. 윗면에는 갈색 초콜릿 크림을 바른다. 케이크 옆면을 케이크 가루로 덮는다. 흰색 크림을 짤주머니에 넣어 케이크 윗면에 격자 무늬 장식을 한다. 다른 색 크림으로 잎과 꽃을 그려 넣어도 좋다. 6시간 동안 냉장고에 넣어 둔다. 냉장 보관한다.

/ 밤은 먼저 구운 다음 물에 삶는 것이 좋다.
/ 밤은 헤이즐넛으로 대체할 수 있다.

Mushroom-flavoured ice cream with pine cone jam

솔방울잼을 곁들인 버섯 아이스크림

2 ☆ / ⏧ / ⏧ / ⏧ / ⏧ / ⏧ / ⏧ / ⏧

❄ / 25~35 m + 2 h 냉동 ⏰ / 4 👤

- 크림(유지방 30%) 200g
- 우유 100g
- 건조 포르치니 버섯 10g
- 설탕 50g
- 달걀 노른자 2개
- 솔방울잼 50g

우유와 크림을 섞고 버섯을 넣어 몇 분 동안 끓인 다음 뚜껑을 닫고 1~2시간 놓아 둔다. 버섯을 걸러 낸다. 설탕과 달걀 노른자를 섞어 버섯 크림에 조금씩 나누어 넣는다. 이중 냄비나 중탕을 이용해 75~80°C로 걸쭉해질 때까지 가열한다. 틀에 옮겨 얼린 뒤 솔방울잼과 함께 낸다.

/ 이 아이스크림은 양귀비씨 롤과 함께 먹으면 더욱 맛있다.

Milky kisil with honey

꿀 우유 키실

1 ☆ / 3 🍲 / 🥄 / ⌇ / 🥛 /

25~30 m ⏰ / 4 👤 / 🍃

- 우유 1ℓ
- 꿀 65g
- 전분 30~40g
- 설탕(취향에 따라)

냄비에 우유를 넣고 한 번 끓어오르면 약불에서 15~20분 정도 더 끓인다. 다른 그릇에 소량의 물 또는 우유에 넣고 녹말을 푼다. 끓인 우유에 녹말물을 흘려 넣으면서 걸쭉해질 때까지 계속 저어 준다. 꿀을 섞은 뒤 식힌다.

/ 원하는 농도에 따라 녹말과 물의 비율을 조절할 수 있다.

Berry kisil

베리 키실(젤리 음료)

1 ☆ / 3 🍲 / 🥄 / ⌇ / 🥛 /

25~30 m ⏰ / 4 👤 / 🍃

- 타트체리, 라즈베리 또는 다른 종류의 베리 600~800g
- 물 1~1.5ℓ
- 설탕 60g
- 녹말 50~60g

냄비에 베리를 넣고 설탕을 뿌린 뒤 물을 붓는다. 끓어오르면 약불에서 15~20분 정도 더 끓인다. 베리를 체로 거른 뒤 계속 끓인다. 다른 그릇에 약간의 물을 넣고 녹말을 푼 다음 베리액에 흘려 넣으면서 걸쭉해질 때까지 저어 준다. 완성 후 식힌다.

Baked apples

구운 사과

1 ☆ / ✎ / ▯ / ⚬ / 2 ◡ / ⟋ / ▭ / ▦ /
✦ / 20~30 m ⏰ / 1 👤 / ✦

- 신선한 사과 150g(1개)
- 깐 호두 15g
- 꿀 25g
- 신선한 민트 3g

사과를 깨끗이 씻어 세로로 반 잘라 심을 제거한다. 나무 꼬챙이로 사방에 구멍을 낸다.
쿠킹 포일로 싸서 베이킹 팬에 넣고 180~200℃로 예열한 오븐에서 10~15분 동안 굽는다.
쿠킹 포일을 열고 꿀을 뿌린 뒤 10분 더 굽는다.

호두를 잘게 부순다. 구운 사과를 접시에 담고 부순 호두를 뿌린 다음 신선한 민트로
장식한다. 원하는 경우 꿀을 뿌린다.

Stuffed prunes with nuts

견과류를 채운 건자두

1 ☆ / ✎ / ▯ / 2 ◡ / 🍳 / ⟋ /
25 m ⏰ / 2 👤 / ✦

- 건자두 500g
- 깐 호두 160g
- 잡화꿀 60g

스메타나 드레싱
- 스메타나 150g
- 바닐라 설탕 10g

호두를 살짝 볶아 식혀 부순 뒤 꿀과 섞어 소를 만든다. 건자두를 찬물에 씻은 다음 끓는
물에 10~15분 동안 담가 부드럽게 한다. 건자두의 물기를 없앤다. 각각의 건자두에
호두소를 채운다. 스메타나와 설탕을 섞어 건자두에 붓는다. 원하는 경우 부순 호두를
뿌린다.

Uzvar

우즈바르(과일을 우려낸 음료)

1 ☆ / ▽ / 🍲 / 🥄
2 h ⏰ / 4 👤 / 🍃

- 물 2~3ℓ
- 말린 사과 200g
- 훈제 배 300g
- 말린 로즈힙 100g
- 건조 빌베리 50g
- 꿀 75~100g

건과일을 물에 담가 두었다가 헹군 다음, 끓는 물에 모두 넣고 뚜껑을 덮어 약불에서 40~60분 동안 끓인다. 식으면 꿀을 넣고 그대로 두어 맛을 우려 낸다.

/ 건과일과 베리를 다양하게 조합할 수 있다.

Section V

Ceremonial cuisine 의례 음식

우크라이나의 풍성하고 역동적인 음식 문화는 역사는 물론이고 연례 행사를 통해서도 계속 진화해 왔다. 크리스마스에는 곡물로 만든 달콤한 쿠탸*кутя* 와 같은 12가지 전통 크리스마스 축제 요리가 등장하고, 부활절에는 부드러운 밀가루 또는 크림치즈로 만든 파스카*паска* 케이크와 크라샨키*крашанки* 라고 불리는 색을 입힌 부활절 달걀이 출현한다. 특히 먹을 수 있는 이 염색한 삶은 달걀은 부활절 저녁 식탁에 올려져 어른, 아이 할 것 없이 모두가 좋아하는 '달걀 싸움'을 하는 데도 사용된다. 크라샨키는 우크라이나 피산키*писанки*와는 다른 것이다. 피산키는 훨씬 더 복잡하게 장식된 달걀로, 주로 선물로 쓰인다.

장식을 넣은 빵인 코로바이 *коровай*는 결혼 축하 행사에 빠지지 않는 음식으로, 집들이에 초대받은 손님들은 갓 구운 빵 한 덩어리를 가져오는 게 전통이다. 또 생일 축하에는 항상 케이크가 있어야 한다. 우크라이나의 유대인들은 마차*маца*, 할라*хала*, 크레플라흐*креплах*와 같은 자신들의 축제 음식을 즐긴다. 크림 타타르인들은 코베테*кобете*와 칼라카이*кхалакхай*를 만든다, 이러한 요리들은 종교와 밀접한 관련이 있지만 일상 요리의 일부이기도 하고 종교 의식과 전혀 관계없는 축제 행사에 쓰이기도 한다.

오늘날, 델리숍에서 판매되고 레스토랑과 집에서 흔히 먹을 수 있는 현대 우크라이나 요리는 대부분 종교 의식과 밀접한 관계가 있다. 우크라이나식 바레니키, 믈란찌, 사순절 보르슈치, 치즈 파스카 또는 바브카 케이크는 최근까지 출생, 결혼, 죽음과 관련된 의식의 중요한 부분이었다. 도시 문화로 인해 이러한 관련성은 점차 약화되고 있지만 그렇다고 종교적 의미를 완전히 잃은 것은 아니다. 예를 들어 크림 타타르인들의 전통 디저트인 할바와 옛날 우크라이나 시리얼 죽인 콜귀보*коливо*는 둘 다 장례식에 제공된다. 부활절에는 파스카를 먹는다. 양귀비 씨, 견과류, 꿀로 만든 밀곡류 요리인 쿠탸는 크리스마스, 성 바실리의 날, 주현절 등 겨울 종교 행사와 밀접한 관련이 있다.

쿠탸는 다양한 레시피가 있는데 보통 쌀, 말린 과일, 설탕에 졸인 과일, 꿀 등 다양한 재료를 넣어 만든다. 요리 과정도 의례의 한 부분이었다. 요리를 제대로 대접하기 위해 집주인은 새 토기 접시를 사용하고, 남자들은 마키트라 *макітра*라고 불리는 특별한 토기 그릇에 양귀비씨를 가는 것으로 참여했다.

쿠탸는 달콤한 음식이지만 크리스마스 저녁 식사에 가장 먼저 나온다. 식사 후에는 죽은 친척의 영혼을 위해 깨끗한 접시에 쿠탸를 담아 창턱이나 식탁에 올려 둔다. 최근 들어 언론을 통해 이러한 크리스마스 의식이 널리 대중화되었으며, 우크라이나 유명 인사들은 종종 크리스마스 연휴가 시작되기 전에 자신만의 쿠탸 레시피를 공유하기도 한다. 기성품 쿠탸는 식품점이나 시장에서 구입할 수 있고, 레스토랑에 포장 주문할 수도 있다. 미리 포장된 쿠탸 재료는 거의 모든 우크라이나 식품점에서 구입할 수 있다.

오늘날에도 우크라이나에서는 크리스마스 이브에 식탁에 오르는 요리의 수가 의식적인 숫자에 맞춰 12가지이다. 크리스마스 요리에는 생선구이나 생선조림, 절인 청어, 버섯, 샤워크라우트, 바레니키, 다양한 완두콩이나 양배추나 콩을 넣은 패스티, 빵, 보르슈치, 우즈바르와 같은 전통적인 사순절 음식이 포함된다. 또 다른 크리스마스 요리로는 쉰카(구운 햄 요리), 코우바사(소시지), 젤리미트, 고기 로스트와 가금류 등의 고기 요리가 있다.

부활절은 우크라이나의 중요한 기념일이다. 우크라이나는 곡물 재배의 전통이 강하기 때문에 흰 밀가루로 만든 파스카 케이크는 특별한 의미를 갖는다. 우크라이나에는 파스카 레시피가 많고 그 요리 방법도 다양하다. 과거에는 사프란, 무화과, 건포도 및 기타 말린 과일을 넣는 것이 우아함과 세련됨의 절정으로 여겨졌다. 그러나 가장 중요한 것은 파스카가 잘 부풀고 달콤하며 맛있어야 한다는 것이다. 크라샨키(염색한 달걀), 코우바사(소시지), 버터, 치즈, 쉰카(구운 햄), 비트즙으로 색을 내거나 간 비트를 섞은 양고추냉이(ground horseradish)도 부활절 식탁에 빠지지 않는 음식이다. 비트를 넣은 양고추냉이는 우크라이나에서 매우 인기 있는 식품으로, 상업적 생산이 대규모로 이루어지고 있다. 야생 고추냉이는 종종 들판과 텃밭에서 채취된다.

할리치나에서는 전통적으로 양 모양의 작은 부활절 버터 조각을 식탁에 올리고, 장식된 작은 접시에 갓 만든 코티지 치즈를 따로 내는 것이 관례이다. 한편, 부활절 기념 식탁을 위한 후출족의 식용 장식은 말(때론 기수를 태운) 모양의 치즈이다. 이 특별한 치즈는 송아지 위에서 추출한 효소인 레닛으로 우유를 응고시켜 만든다. 말 모양의 치즈를 만드는 것은 후출족의 전통 공예기술로, 장인들은 음식 박람회와 축제에서 기꺼이 사람들과 이 치즈 만드는 노하우를 나누고 교류한다.

옛날, 할리치나 도심의 부유한 가정에서는 파스카뿐만 아니라 꿀 케이크, 마주리키(*мазурки*, 과일 및 견과류 비스킷의 일종), 부드러운 치즈 프리터, 미니어처 비스킷과 같은 다른 부활절 디저트를 굽는 것이 전통이었다. 시골 지역에서는 양귀비씨와 크림치즈 번을 만드는 것이 유행했다.

우크라이나인들은 매년 돌아오는 축일을 지키는 것뿐만 아니라 각 가정마다의 전통도 잘 지킨다.

의례에 빠지지 않는 빵, 코로바이는 전통적으로 결혼 의식의 일부였다. 코로바이 빵은 지역에 따라 모양, 크기, 장식이 모두 다르다. 과거에는 대개 결혼 생활이 행복하다고 느끼는 여성만이 코로바이를 구웠다. 요즘에는 일반적으로 신혼 부부의 부모가 수제 빵집이나 빵 공장에서 주문 제작한다. 코로바이는 둥글거나 직사각형으로, 빨간 리본, 페리윙클(제비꽃), 양백당나무 열매로 장식되며, 결혼식에서 신혼 부부 앞 테이블에 놓인다. 지역마다 관습이 다르지만 결혼식이 끝날 즈음, 디저트를 먹는 시간에 의식에 따라 코로바이를 잘라 하객들에게 나누어 주는 것이 일반적인 관습이다.

Kutia with poppy seeds, walnuts and dried cherries

양귀비씨, 호두, 건조 타트체리를 넣은 쿠탸

1 ☆

30~45 m / 4 /

- 밀알 500g
- 양귀비씨 100g
- 꿀 2~3Ts
- 호두 75g
- 설타나 건포도 30g
- 건조 타트체리 50g

밀알을 잘 씻어 냄비에 넣고 밀알이 잠길 정도로 물을 붓는다. 끓으면 거품을 걷어 내고 약불로 약 20분간 계속 끓인다.

깨끗한 설타나 건포도를 골라 끓는 물에 5~10분 정도 담가 둔다. 양귀비씨도 끓는 물에 15분 정도 담근 뒤 물기를 빼고 블렌더로 갈거나 절구 혹은 마키트라(우크라이나 전통 토기절구)에 간다. 껍질을 벗긴 호두를 부수고 건조 타트체리를 잘게 썬다. 약간의 물에 꿀을 녹인다.

끓여 둔 밀죽에 물에 녹인 꿀을 넣고 나머지 재료를 넣어 섞는다.

/ 양귀비씨가 약간 쓰다면 끓는 물에 담근 뒤 몇 분간 끓여 쓴맛을 없앤다.

Paska with dried cranberries and hazelnuts

건조 크랜베리와 헤이즐넛 파스카

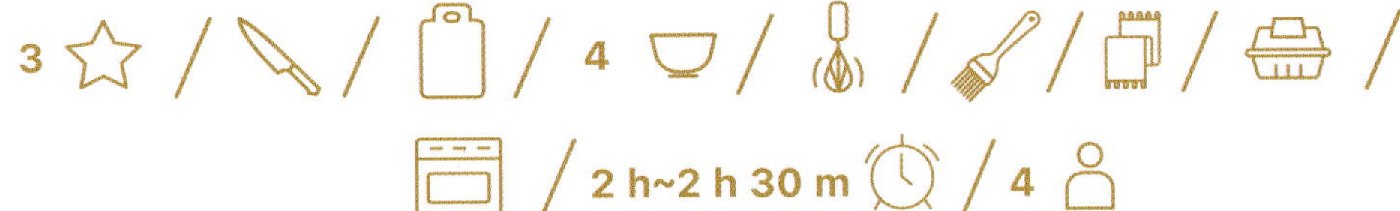

파스카는 부활절에 없어서는 안 될 음식이다. 우크라이나인들은 직접 집에서 파스카 케이크를 굽거나, 음식점에 주문하거나, 시장에서 구입하곤 한다. 많은 레시피가 있지만 가장 좋은 레시피는 밀가루에 설타나 건포도, 견과류, 향신료, 글레이즈 또는 말린 과일을 넣은 것이다.

설타나 건포도와 건조 크랜베리를 물에 불린다. 생이스트에 설탕 한 스푼을 넣고 우유를 조금씩 넣으며 젓는다. 그런 다음 150g의 밀가루를 더해 반죽을 만든다(반죽의 농도는 물란찌 반죽과 비슷해야 한다). 천으로 덮고 따뜻하고 건조한 곳에 30분 동안 부피가 두 배가 될 때까지 둔다. 소금을 넣는다.

달걀 흰자와 노른자를 분리한다. 달걀 흰자는 냉장고에 넣고 노른자는 남은 설탕, 바닐라와 함께 섞어 발효된 반죽에 조심스럽게 넣고 섞는다. 레몬 제스트와 녹인 버터를 넣되, 버터가 너무 뜨겁지 않도록 주의한다. 구워서 부순 헤이즐넛을 넣고, 휘핑한 달걀 흰자, 남은 밀가루, 설타나 건포도, 크랜베리를 넣고 섞는다.

잘 반죽해 따뜻한 곳에 부피가 두 배가 될 때까지 둔다. 다시 반죽한 다음, 베이킹 틀에 옮겨 다시 한번 발효시킨다. 달걀 노른자를 칠하고 180~200℃ 오븐에서 30~50분 동안 굽는다(틀의 크기에 따라 다름).

• **글레이즈** 달걀 흰자, 슈거파우더, 레몬즙을 3~5분 동안 섞어 케이크 위에 바른다.

/ 건포도와 크랜베리가 반죽에 고르게 섞이도록 반죽에 넣기 전, 물기를 제거하고 밀가루를 묻힌다.

파스카

- 체 친 밀가루 1kg
- 우유 310g
- 달걀 6개
- 버터 300g
- 설탕 1.5~2Ts
- 생이스트 50g
- 소금 3~5g
- 설타나 건포도 150g
- 헤이즐넛 75g
- 건조 크랜베리 75g
- 바닐라 3g
- 레몬 1개 분량의 제스트

글레이즈

- 달걀 흰자 2개
- 아이싱 슈거 300g
- 신선한 레몬 즙 2Ts

Kobete

코베테(크림반도식 고기 파이)

2 ☆ / 🔪 / 🧊 3 🥣 / 🥄 / d 24 ㎝ 🧺 / 🔥 /
📱 / 🥖 / 2 h ⏰ / 5~6 👤

페이스트리

- 체 친 고급 밀가루 300g
- 버터 200g
- 달걀 1개
- 소금 5g
- 와인 식초 20g
- 차가운 물 80g

고기소

- 쇠고기 400g
- 버터 50g
- 감자 500g
- 양파 400g
- 신선한 코리앤더 50g
- 육수 100g
- 소금 3g
- 간 후추 2g
- 고춧가루 1g
- 큐민 가루 2g

코베테는 크림 타타르에서 가장 인기 있는 요리 중 하나로, 결혼식이나 새해와 같은 중요한 가족 행사나 연례 행사를 기념하기 위해 만든다. 크림반도의 시골 지역에서는 결혼식 3일 후, 친정 식구와 다른 친척들이 신혼집을 방문했을 때 코베테 파이를 잘라 먹는 것이 대중적인 전통이었다.

• **페이스트리** 밀가루와 찬 버터 덩어리를 섞어서 부슬부슬하게 만든다. 식초, 물, 소금과 달걀을 섞어서 넣고 빠르게 반죽한다. 반죽을 2/3와 1/3, 두 덩어리로 나누어 랩으로 싼 뒤 냉장고에서 1시간 동안 보관한다.

그동안 볼에 양파와 소고기를 잘게 큐브 모양으로 잘라 넣고 버터, 소금, 후추, 고춧가루, 큐민, 코리앤더, 차가운 스톡을 넣는다. 감자는 따로 얇게 썰어 준비한다.

반죽의 3분의 2를 밀대로 얇게 펴서 지름 24㎝의 파이 접시에 깐다. 얇게 썬 감자의 절반을 반죽에 올리고 소금을 뿌린다. 다음으로 고기 소를 넣고 나머지 썬 감자로 덮는다. 나머지 반죽을 밀대로 얇게 밀어 펴 파이를 덮는다. 손가락으로 가장자리를 단단히 붙인다. 붓으로 달걀을 반죽 윗면에 바르고 200℃로 예열한 오븐에 넣는다. 온도를180℃로 내려 50분 동안 굽는다. 뜨거울 때 낸다.

Cheese paska
with sultanas

건포도를 넣은 치즈 파스카

2 ☆ / 2 ⌣ / ▯ / ⟋ / ▥ / ▦ /

45 m~1 h + le temps de prise ⏰ / 4 👤

- 코티지 치즈(유지방 9% 이상) 1kg
- 설탕 100~150g
- 달걀 노른자 5개
- 버터 150~200g
- 크림(유지방 30%) 200g
- 설타나 건포도 20g

코티지 치즈를 체에 내려 설탕, 달걀 노른자, 버터와 잘 섞는다. 설타나 건포도를 끓는 물에 10~15분 정도 불린 다음 물기를 뺀다. 건포도와 크림을 코티지 치즈 혼합물에 넣고 부드러워질 때까지 블렌더로 간다. 치즈클로스(거름망)를 깐 틀에 넣고 단단히 눌러 물기를 짠 뒤 차가운 곳에 둔다. 이때 파스카 틀 밑에 그릇이나 얕은 접시를 받친다.

Challah

할라

2 ☆ / 3 🥣 / 🥄 / 🧁 / 🧺 / 📄 / 🔲 / 🖌 / ▭ / 7 h ⏰ / 4 🥖

- 체 친 고급 밀가루 1kg
- 물 120g
- 생이스트 36g
- 큰 달걀 6개
- 소금 16g
- 설탕 140g
- 버터 120g

달걀과 우유 혼합물
- 달걀 1~2개
- 우유 31g

할라*хала*는 유대인들이 안식일에 먹는 전통빵을 말한다. 시간이 흐르면서 할라는 가장 인기 있는 축제빵의 하나가 되었고, 수 세기 동안 땋거나 꼰 흰 빵은 모두 할라라고 불렸다.

35℃의 물에 생이스트를 푼다. 여기에 밀가루 100g을 섞은 다음 15분 동안 그대로 둔다. 다른 볼에 달걀을 넣고 소금, 설탕을 더해 섞는다. 풀어 놓은 이스트와 부드러운 버터를 달걀에 넣는다. 다른 그릇에 남은 밀가루와 준비된 액체 재료를 섞는다. 스탠드믹서에 넣고 1단에서 3분 동안 반죽한다. 5분 동안 쉬게 한 뒤 2단으로 바꿔 8분 동안 더 반죽한다. 준비된 반죽을 기름칠한 그릇에 옮기고 2시간 동안 발효시킨다.

다시 반죽한 뒤 4등분한다. 각각의 덩어리를 둥글려 다시 4등분한다. 각각의 반죽을 다시 한 번 둥글려 16개의 공 모양으로 만든 다음 랩으로 덮어 10분간 쉬게 한다.

밀가루를 뿌린 작업대에 공 모양 반죽 4개를 놓고 각각 손으로 굴려서 길이 45㎝의 소시지 모양으로 만든다. 반죽 위에 가볍게 밀가루를 뿌린다. 할라 빵 1개당 네 개의 소시지 모양 반죽이 필요하다. 4개의 반죽을 가지런히 놓고 머리 땋듯이 한 줄로 땋는다. 베이킹 팬에 넣고 랩으로 덮어 2시간 동안 발효시킨다.

오븐을 180℃로 예열한다. 굽기 전에 달걀과 우유를 섞어 빵 표면에 달걀물을 바른다. 팬을 오븐 중앙에 넣고 오븐 바닥에 끓는 물을 반 컵 정도를 부은 뒤 즉시 오븐 문을 닫는다. 180℃에서 30~35분 동안 굽는다. 다 구워지면 식힘망에 옮겨 2시간 정도 식힌다.

Section VI

Culinary diplomacy

요리 외교

Vitaly Reznichenko
비탈리 레즈니첸코

역사학 박사

우크라이나에게 문화 외교는
중요한 전략적 요소이자 소프트 파워 수단이다.
이는 문화 간 상호 이해를 촉진하고
국제적 지지를 얻는 데 도움이 된다.

»

VITALY REZNICHENKO
MARYNA HRYMYCH

요리 외교의 중요성

오늘날, 세계화된 국제 관계 체제와 급변하는 정치 상황, 국가 안보에 대한 위협 속에서 국가 기관은 국가의 이익을 위해 사용 가능한 모든 수단을 활용하려고 한다.

현대 국제 관계 체제에서 모든 국가의 국제적 이미지는 그 나라의 정치적, 경제적, 군사적 자산뿐만 아니라 문화적 정체성을 투영하는 능력에 따라 결정되기도 한다. 문화 간 교류는 건설적이고 장기적인 양자 및 다자 관계에서 여전히 중요한 요소이다. 다른 나라의 문화를 발견하는 것은 그 나라 사람들에 대한 존중을 낳는다. 정치적 의사 결정자들은 왔다가 가지만 문화적 경험은 남는다.

국제적 맥락에서 문화 간 의사소통은 국가 이익을 증진하는 강력한 수단이다. 그럼에도 불구하고 효과적인 문화 외교는 상당한 노력과 시간, 자원을 필요로 한다.

문화 외교는 문화 간 이해를 위한 아이디어, 정보, 가치, 전통 및 기타 문화적 요소의 교환을 장려하는 일련의 활동이다.

문화 외교의 목표

국가의 대외관계를 지원하고, 국가의 위상을 높이며, 국제 관계의 맥락에서 다른 국가와
세계인들에게 정부와 정부 정책을 호의적으로 제시한다.

특정 국가와 관련된 고정관념에 맞서 싸우고, 일부 정책 및 이념의 부정적인 영향을 완화한다.
국가의 국제적 이미지를 강화하고, 국가가 투명성 원칙을 준수하고 민주적 가치를 지지한다는
것을 보여준다.

기존의 세계 문화의 다양성과 국가 간 상호 의존성을 반영해 다국적 외교 정책을 수립하려는
국가의 노력을 지원한다.

문화 외교는 우크라이나의 국제 무대에서의 활약에 전략적으로 중요한 요소이며, 다른 국가의
대표들과 효과적인 관계를 구축하고 국제 정치적 지지를 얻기 위한 소프트 파워 수단이다. 문화
외교는 양질의 콘텐츠를 바탕으로 일관되고 지속적인 방식으로 적용한다면 국익을 위한 효과적인
캠페인 수단이 될 수 있다. 모든 국가는 자국의 문화를 홍보하기 위해 그 특징을 고려하여 홍보
전략을 세운다.

VITALY REZNICHENKO
MARYNA HRYMYCH

요리 외교 또는 미식 외교

요리 외교, 또는 미식 외교는 새로운 외교 트렌드이자 문화 간 관계 구축의 중요한 수단이다. 각나라는 국가의 명성을 높이거나 구축하기 위해, 국가 문화 유산의 중요한 부분이자 역사를 간접적으로 반영하는 자국의 음식을 활용한다.

요리 외교라는 용어는 2002년 이코노미스트지(誌)에 처음 등장했는데, 전 세계에 태국 레스토랑의 수를 늘리기 위해 태국 정부가 수립한 '글로벌 타이 프로그램'에 의거해 태국 문화를 홍보하는 것을 설명하기 위해서였다.

요리 외교는 국가의 식문화 전통을 공식 외교 관계에 활용하기 위한 지속적인 노력으로, 국가 원수 및 기타 고위 인사의 방문, 공식적인 대사관 리셉션 등에 적용할 수 있다. 요리 외교는 외교관들에게 자국의 특산품, 요리, 요리법을 소개할 기회를 제공하여, 의사소통을 원활하게 하고 상호 합의 가능한 해결책을 찾는 데 도움을 준다. 요리는 사람들 사이에 정서적 유대감을 형성하고, 언어 장벽을 무너뜨린다. '빵을 떼다'라는 말은 격언이 된 성경 구절이다. 이는 지속적인 유대를 형성하기 위해, 또는 다른 표현을 사용하면 '마음을 얻기' 위해 자신의 빵과 식량을 다른 사람과 나누는 것을 의미하는데, 외교적 맥락에서 보면 국가 간 긍정적인 관계 수립을 의미한다.

식문화 전통은 모든 문화의 일부이며, 이는 사회적으로 허용되는 식문화 관례를 통해 의미, 규범 및 가치를 전달한다. 이런 의미에서 식문화 전통은 무의식적으로 일상적인 관례와 사회적, 문화적 활동에 대한 창을 열어 주는 언어이다. 따라서 음식문화는 하나의 사회적 현상으로 해석되어야 한다.

요리 외교는 국가의 음식을 홍보하기 위해 만든 광고 캠페인 그 이상이다. 이는 세계인들의 관심을 사로잡고 국가 음식 브랜드를 홍보하는 동시에 국가의 요리 역사를 새롭게 발견하는 것을 목표로 한다. 또한 자연재해, 내전, 전쟁으로 피해를 입은 세계 일부 지역의 기아와 빈곤을 줄이기 위해 식량 원조를 공공 봉사 활동의 도구로 활용하는 식량 외교와도 구별된다.

공식 국빈 만찬 리셉션은 국가의 전통과 문화적 특징을 반영하는 방식으로 구성된다. 식재료, 조리 방법, 만찬 일정, 전통적인 5가지 코스 메뉴, 참가자들의 연설 및 건배가 조화롭게 어우러져야 하며, 주최측과 손님의 문화가 포함되어야 한다.

오늘날 국제 무대에 진출하는 모든 국가는 상대에게 긍정적인 인상을 주고, 자국의 식문화 전통을 활용해 깊은 인상을 남기는 것을 목표로 한다. 때문에 국빈 만찬은 특히 중요하다. 수석 셰프는 의전 부서와 함께 적절한 만찬 분위기를 조성하여야 한다. 국제 만찬 의례에는 회의, 정상 회담, 의회 간 또는 정부 간 회의와 같은 다양한 국가 행사에, 다목적 리셉션인 갈라 디너가 사용된다. 갈라 디너는 다양한 메뉴가 제공되는 전통적인 공식 리셉션으로, 손님들은 자유롭게 연설과 건배를 할 수 있으며 그 뒤로는 관례적인 음악 프로그램이 이어진다. 이러한 모든 구성 요소는 의사소통을 촉진하고, 이전에 달성한 합의를 확인하고, 비공식적인 관계를 구축하는 데 크게 도움이 된다.

하지만 요리 외교는 비단 국가 관료들에게만 국한되는 일은 아니다. 시민사회단체, 기업, 학계, 예술, 문화, 언론 관계자 등 누구나 국경을 넘어 자국의 요리를 홍보할 할 수 있다.

여행을 즐기는 사람이라면 누구나 이탈리아의 파스타, 그리스의 무사카뿐만 아니라 우크라이나의 보르슈치에 대해서도 알고 있다. 파르마 햄은 무라노의 유리나 베네치아의 모자이크만큼이나 유명한 관광 상품이다. 음식과 와인 축제도 점점 인기가 높아지고 있으며, 국가의 전통과 문화를 탐구하고 국가 이미지를 전 세계적으로 홍보하고 지원하는 수단인 요리 관광도 점차 인기를 더하고 있다. 한국, 일본, 대만이 개발한 국가 지원 요리 외교 프로그램은 미식 외교를 통해 국가의 이미지를 효과적으로 홍보한 교과서적인 예이다. 이러한 접근 방식은 국가의 문화와 전통을 홍보하고, 국제 무역과 관광을 지원하며, 외국의 투자를 유치하여 국가의 경제 성장과 경쟁력을 강화하는 데 도움을 준다.

2002년, 태국은 요리 외교를 실제로 적용한 최초의 국가가 되었다. 이 모험적인 사업의 성공에 힘입어 2012년, 미국 국무부도 자체적으로 외교요리협회(Diplomatic Culinary Partnership)라는 프로젝트를 시작했다. 80여 명 이상의 미국 셰프들이 미국 요리 외교단의 일원으로 해외를 여행하며 미국 요리를 홍보하고, 공식적으로 미국 외교 공관에서 근무했다.

프랑스, 이탈리아, 스페인은 역사적으로 유럽의 요리 중심지로 명성을 쌓아 왔으며, 미식 브랜드로 세계를 선도하고 있다. 이보다는 덜 알려졌지만 알려진 다른 브랜드로는 스웨덴, 덴마크, 노르웨이가 공동으로 홍보하는 북유럽요리(노르딕퀴진)가 있다. 1995년, 스웨덴의 스코네주(州)와 덴마크의 보른홀름섬은 지역 유기농 농산물을 관광 상품으로 홍보하기 위해, 관광 산업의 후원하에 식품 생산자 네트워크인 유럽 지역별 요리 유산(Regional Culinary Heritage Europe)을 설립했다.

우크라이나 또한 지역 및 세계 시장에서의 입지를 강화하기 위한 수단으로 식문화의 활용을 적극 지원한다. 2015년, 우크라이나는 아르메니아, 이스라엘과 파트너십을 맺고, 흑해 지역 개발 신탁의 지원을 받아 카디르 하스 대학교(튀르키예)와 기업 및 사회적 책임 진흥청(우크라이나)이 주최한 요리 외교 프로젝트에 참여한 바 있다. 최근 우크라이나는 유럽 전역의 30개 지역에서 300명 이상의 기업 회원을 보유한 유럽 지역별 요리 유산(Regional Culinary Heritage Europe)에 합류했다.

지난 몇십 년 동안 음식 축제와 요리 관광의 확대는 요리 외교가 하나의 트렌드로 성장했음을 증명한다. 이런 성장은 한편으로는 내부 식품 산업의 역학에 의해, 또 다른 한편으로는 세계화, 그리고 문화 간 의사소통, 상호 작용, 통합의 역할 증대로 설명할 수 있다.

VITALY REZNICHENKO
MARYNA HRYMYCH

우크라이나 외교 리셉션

요리 외교라는 용어가 최근에 만들어졌다고 해서 그 전에 행해지지 않았다는 뜻은 아니다. 외국의 외교관들은 즐거운 환경에서 나누는 중요한 대화와 함께, 아름답게 차려진 맛있는 음식이 언제나 외교의 강력한 무기라는 사실을 잘 알고 있으며 일상적으로 활용해 왔다.

우크라이나 외교의 역사, 특히 당대의 가장 재능 있는 외교관 중 한 명이었던 이반 마제파(*Іван Мазепа*)*의 행적을 살펴보면, 우리는 이 헤트만(코자크 국가 수장)이 공식 연회와 만찬을 교묘하게 활용하여 전략적인 정보를 얻고, 갈등과 오해를 피하면서 우방과 적, 모두와 우호적이고 신뢰할 만한 관계를 구축한 많은 사례를 찾을 수 있다. 1704년, 루이 14세의 특사였던 장 카지미르 드 발뤼즈가 표트르 1세와의 협상을 위해 러시아를 방문했다. 협상은 프랑스의 계획대로 진행되지 않았고, 유럽으로 돌아가는 도중 드 발뤼즈는 마제파의 우크라이나 군사적, 정치적 거점인 바투린에 들렀다. 아마도 드 발뤼즈는 며칠 동안 마제파와 머물면서 러시아 차르의 의도에 대한 전략적 정보를 알아내려고 했을 것이다. 그러나 그는 오히려 마제파의 외교적 책략의 희생양이 되었다. 마제파는 그를 술에 취하게 했고, 프랑스 특사는 튀르키예의 비밀 임무에 관한 중요한 정보를 불쑥 내뱉었다. 마제파는 러시아 차르에게 보낸 친서에 이렇게 썼다. "…그리고 그때 그의 머리가 뜨거워지더니 나에게 말해 버렸습니다."

/ *이반 마제파(1639~1709): 우크라이나 코자크 국가 수장

드 발뤼즈처럼 노련한 외교관으로 하여금 스스로 정보를 흘리도록 하기는 어려웠을 것이다. 아마도 그는 마제파의 환대에 깊은 인상을 받아 신뢰의 표시로 기꺼이 비밀 정보를 공유했던 것은 아닐까. 전하는 말에 따르면 바투린 외곽에 있는 마제파의 저택에는 공식 리셉션, 축하 행사 및 연회를 위해 설계된 대형 홀이 있었다고 한다. 프랑스 특사는 가족에게 보내는 편지에서 마제파가 소유한 유럽과 튀르키예 귀족의 초상화, 그의 서재, 방대한 무기 컬렉션 및 다수 유럽 언어를 구사하는 능력에 깊은 인상을 받았다고 회상했다. 마제파는 외국 대사, 주교 및 표트르 1세의 보야르(귀족들)를 위한 리셉션을 주최했다. 그는 소위 폴란드식 연회를 열었으며 종종 폴란드 합창단이 노래를 부르기도 했다. 사미일로 벨리치코*Самійло Величко**의 연대기에서 우리는 마제파가 코자크 군사 엘리트를 위해 그의 저택에서 부활절 축하 행사를 열었다는 것을 알 수 있다. 또한 마제파는 '선물을 주는 기술'의 대가로도 알려져 있다.

/ *사미일로 벨리치코(1670~1728): 우크라이나 귀족으로, 연대기 편찬가이다.

VITALY REZNICHENKO
MARYNA HRYMYCH

역사적인 문서는 우크라이나의 오랜 외교 전통에 대해 기록하고 있으며, 공식 리셉션이 맛있는 음식 그 이상이었음을 증언한다. 적절한 세팅과 장식, 세심하게 준비된 프로그램, 공식적인 혹은 비공식적인 대화 기술은 모두 중요한 역할을 하며 요리 외교의 핵심이다.

소련으로부터 독립한 이후의 우크라이나 요리 외교도 그만의 역사가 있다. 그러나 대부분은 아직 문서화되지 않았으며, 우리는 그 이야기가 전해지기를 기다리고 있다.

현대 우크라이나 외교 리셉션은 무엇보다 높은 국제 외교 기준을 준수하는 동시에 국가 문화를 반영하는 것을 목표로 한다. 이러한 절충주의적 접근 방식은 전 세계 외교 공관의 대다수가 사용하는 것이다. 극동 지역 공관들이 주최하는 리셉션에서는 일반적으로 두 개의 메뉴가 준비되며, 귀빈들은 그 나라의 이국적인 음식을 먹거나 익숙한 맛의 메뉴를 선택할 수 있는데 이때 주최국의 음식은 샘플 사이즈로 함께 제공된다.

외교 문화는 다양하게 진화해 왔으며, 이는 긍정적인 의미에서 외교계에 영향을 미치는 세계적 트렌드를 반영한다는 의미이다. 오늘날 우크라이나의 외교관들은 주로 실내 장식, 식기, 메뉴를 통해 몇 가지 대담한 우크라이나 시그니처 컨셉을 표준 공식 의전에 부드럽게 엮어 내고 있다.

전통적으로 공식 만찬 리셉션은 워밍업으로 시작된다. 호스트는 손님들을 환영하며 인사하고, 손님들은 소식을 교환하고, 중립적인 대화를 나눈다. 손님들은 알코올 및 무알코올 음료와 스낵으로 구성된 식전주를 제공받고, 호스트와 소통하는 동안 새로운 환경을 탐험하면서 무의식적으로 인테리어 디자인에 집중한다. 또 정통한 외교관들은 안전상의 이유로 항상 주변 환경을 인식한다. 첫인상은 언제나 중요하기 때문에 인테리어를 통해 우크라이나 문화를 적절하게 표현하는 것은 의미 있는 일이다. 베테랑 외교관의 거실에는 해외 여행에서 가져온 이국적인 물건들과 함께, 우크라이나 예술가들의 작품, 장식용 고급 민속 예술품, 주로 앨범과 커피 테이블 책이 있는 서가가 있다.

외교 리셉션의 우크라이나 식전주 메뉴에는 전통 알코올 음료 중 차갑게 칠링한 호릴카 작은 샷이 포함된다. 스낵 메뉴 또한 문화적으로 다양해서 덜 이국적인 스낵과 우크라이나 특산품이 함께 제공된다.

메인 디너 리셉션 전에는 미니 카나페가 등장한다. 차가운 호릴카 한 잔을 즐기기에는 작은 청어 조각이나 고급 살로 조각이 들어간 미니 카나페가 제격이다. 우크라이나 소시지 제조 전통은 미니 포션으로 제공되는 드로호비치 코우바사로 선보일 수 있다.

테이블에 착석한 후에도 여전히 손님들의 관심은 테이블 장식이다. 전통적으로 우크라이나에서는 정성스럽게 차려진 식탁이 손님을 맞이하지만, 외교적 식사의 경우에는 테이블 장식만 있고 음식은 없다. 주최측은 다양성의 원칙을 따르며 국제적으로 유명한 브랜드의 식기를 사용하지만, 일반적으로 가장자리에 자수가 있는 린넨 식탁보를 통해 우크라이나 문화를 드러낸다. 전통적이고 현대적인 우크라이나 도자기를 사용하는 것은 항상 좋은 생각이다. 때로는 우크라이나 국기를 상징하는 노란색과 파란색 꽃다발이 테이블을 환하게 밝힌다. 그러나 이러한 유형의 장식을 모두 사용할 필요는 없다. 테이블이 자수 식탁보로 덮여 있으면 장식용 도자기는 과하게 느껴질 것이다. 손님들의 좌석표에는 우크라이나의 문화적 요소가 반영될 가능성이 많다. 좌석표는 아마도 전통적인 페트리키우시키 꽃 모티브나 자수 패턴을 사용해 우크라이나 민속 스타일로 디자인될 것이다.

저녁 식사가 시작되기 전에 식탁에 오르는 유일한 음식은 빵과 버터뿐으로, 이는 이들 음식이 국가 요리의 중심임을 강조하기 위한 것이다. 빵은 전통 고리버들 바구니나 현대 우크라이나 도예가들이 만든 도자기 접시에 담기며, 때로는 자수 천으로 덮여 제공된다. 그러나 가장 중요한 원칙은 장식이 단순하고 절제되어야 한다는 것이다.

음식이 나오기 전, 손님들은 음료 취향에 대한 질문을 받는다. 전통적으로 외교 리셉션에는 와인이 제공되며, 와인 목록에는 우크라이나산 와인이 포함된다. 일반적으로 손님들은 현지 와인을 맛본 후, 이어 보다 잘 알려진 전통 와인을 마시는 것을 선호한다. 이 단계에서는 다양한 와인 셀렉션이 중요하다.

샐러드는 우크라이나 전통 요리는 아니다. 샐러드는 비교적 최근에 추가된 것이기 때문에 전통 우크라이나 샐러드로 손님들에게 깊은 인상을 남기는 것은 사실상 불가능하다. 그러나 비트를 이용한 샐러드는 정말 '신의 한 수'이다. 비트는 우크라이나 요리와 밀접한 관련이 있는 식재료이기 때문이다. 절인 비트는 맛이 좋으며, 가늘게 썬 비트는 녹색 샐러드 잎(어린 시금치,

상추, 루콜라 또는 로메인상추 등)과 유쾌한 색의 조합을 만들어 낸다. 비트 샐러드는 꿀과 겨자를 뿌린 후출식 브린자와 같은 짠 치즈와 정말 잘 어울린다. 또한 극동 국가의 외교 공관이 시작한 트렌드처럼 우크라이나 전통 샐러드가 일반적인 샐러드와 함께 샘플 사이즈로 제공될 수도 있다.

메인 코스가 진행될 때, 우크라이나 요리는 단독으로 나오는 것보다 메인 요리의 곁들임 요리로 제공되는 것이 일반적이다. 예를 들어 풍미 가득한(감자, 양배추 또는 치즈로 채운) 우크라이나식 바레니키는 메인 요리가 아닌, 작은 양의 사이드디시로 내야 한다. 홀룹찌는 미니 사이즈로 만들면 맛있고 따뜻한 스낵이 된다. 고기와 가금류는 전통적으로 우크라이나 스타일의 고기 롤로 제공된다. 우크라이나 외교 만찬과 리셉션에 참석하는 손님들은 항상 전통적인 스메타나 소스에 깊은 인상을 받는 것 같다.

그러나 전통 우크라이나 요리가 모두 외교적 식사에 적합한 것은 아니다. 예를 들어 돼지고기 관련 식품은 무슬림과 유대인을 위해 금지된다. 종교적 유의 사항뿐만 아니라 다른 일반적인 식이 제한 사항도 중요하게 고려하여야 한다.

진정한 요리 전문가들은 메밀이나 산시금치와 같이, 외교 만찬용으로 적합해 보이지 않는 식재료를 저녁 식탁의 보석으로 바꿀 수 있다. 캐나다 외교관 커플인 래리와 마거릿 디킨슨((Larry and Margaret Dickenson)은 리셉션으로 유명하며, 요리 외교와 요리의 진정한 전문가이다. 마거릿은 우크라이나 혈통으로, 캐나다 북부의 외딴 농장에서 우크라이나 식문화에 둘러싸여 자랐다. 그녀는 영양학 학위를 취득했고, 여러 해외 공관에서 대사를 역임한 외교관과 결혼했으며, 전문 요리법을 개발하고, 수상 경력을 가진 베스트셀러 요리책을 집필했다.

그녀의 독창적인 레시피 중 하나는 산시금치 카푸치노 수프로, 공식 만찬에는 따뜻하게, 칵테일 리셉션에는 차갑게 제공된다. 그녀는 또한 메밀을 이용한 다양한 레시피를 개발했는데, 그중 가장 인상적인 것은 건조 블랙커런트와 견과류를 넣은 곁들임요리이다.

의심할 여지없이 우크라이나 요리는
우크라이나 외교 공동체가 국가의 이익을 위해
활용할 수 있는 잠재력으로 가득 차 있으며,
더 나아가 이러한 노력은 우크라이나 외교의
특유한 강점이 될 수 있다.

디저트는 우크라이나 외교관들에게 일반적인 과자 대신 나오는(달콤한 치즈, 베리, 또는 과일이 들어 간) 바레니키와 믈란찌로 손님들에게 깊은 인상을 줄 기회를 제공한다.

외교 리셉션 때는 미콜라 리센코(*Микола Лисенко*), 빅토르 코센코(*Віктор Косенко*), 보리스 랴토신스키(*Борис Лятошинський*)와 같은 우크라이나 작곡가들의 클래식 음악을 들려주는 것이 일반적이지만, 음악은 대화를 위한 조용한 배경이어야 한다.

앞서 우리는 군사 엘리트를 위한 마제파의 부활절 만찬 리셉션에 대해 언급한 바 있다. 이처럼 우크라이나의 중요한 축일은 우크라이나 전통을 강조하는 공식 만찬의 멋진 기회가 될 수 있다. 예를 들어, 우크라이나 크리스마스 민속극은 크리스마스 저녁 리셉션의 주제가 될 수 있다. 그러나 의례 요리에는 각별한 주의가 필요하다는 점 또한 잊어서는 안 된다.

독립기념일과 같은 행사를 축하하기 위한 대규모 만찬 리셉션이나 문화 행사에 수반되는 칵테일 리셉션에는 지금까지 말했던 모든 권고 사항이 적용되지만, 일부 수정과 규모의 조정이 있어야 한다. 뷔페 리셉션에서는 많은 사람들에게 많은 양의 음식을 제공해야 하기 때문에 기본 메뉴가 준비되며, 바레니키와 홀룹찌를 꼭 미니 버전으로 만들 필요가 없다. 뷔페 리셉션은 또한 음악이나 댄스 공연과도 잘 어울린다. 최근에는 국경일을 기념하는 거의 모든 외교 리셉션이 이 형식을 따르고 있다. 문화 행사에 수반되는 칵테일 파티는 행사 자체에 추가되는 요소로 여겨지기 때문에 일반적으로 핑거푸드 케이터링만 준비한다.

References
참고 문헌

1 / Byrkjeflot, Haldor; Pedersen, Jesper Strandgaard; Svejenova, Silviya. "Label to Practice: The Process of Creating New Nordic Cuisine." Accessed March, 2013. https://www.researchgate.net/publication/263120421_From_Label_to_Practice_The_Process_of_Creating_New_Nordic_Cuisine.

2 / Chapple-Sokol, Sam. "Culinary Diplomacy: Breaking Bread to Win Hearts and Minds" In *The Hague Journal of Diplomacy*, edited by Sam Chapple-Sokol, 2013.

3 / "Cultural diplomacy: does it work?" http://www.ditchey.co.uk/conferences/past-programme/2010-2019/2012/cultural-diplomacy.

4 / Dumanowski, Jarosław; Jankowski, Rafał. *Moda bardzo dobra smażenia różnych konfektów i innych słodkości, a także przyrządzania wszelkich potraw, pieczenia chleba i inne sekrety gospodarskie i kuchenne.* In Seria *Monumenta Poloniae Culinaria. Polskie zabytki kulinarne.* T. 2. Warszawa: Muzeum Pałacu Króla Jana III w Wilanowie, 2011.

5 / Dickenson M. H. *From the Ambassador's Table: Blueprints for Creative Entertaining.* Times Editions, 1996.

6 / "Food diplomacy and sustainability. Feed the World." Accessed 2015. http://nutriilpiante-expo2015.org/en/diplomazia-alimentare-e-sostenibilita.

7 / Jędzejewski, Slawomir. *Jeszcze jedna bombka eksportowego.* Piwo we Lwowie 1840–1939. Kraków: Wysoki Zamek, 2018.

8 / NYU Washington, DC. "Culinary diplomacy: make food, not war." http://www.nyu.edu/washington-dc/nyu-washington--dc-events/culinary-diplomacy--make-food--not-war.html.

9 / *Public Diplomacy Magazine.* "Soft Power and Cultural diplomacy." www.publicdiplomacymagazine.com/soft-power-and-cultural-diplomacy/

10 / Rej, Mikołaj. *Żywot człowieka poczciwego.* Kraków, 1567/1568.

11 / Rockower, Paul. "Recipes for gastrodiplomacy." In *Place branding and Public Diplomacy*, 2012.

12 / Szymanderska, Hanna. "Kuchnia polska Potrawy regionalne". Warszawa: Świat książki, 2014.

13 / "Ukrajinska kuhinja" In Ljubliana: Slovensko-ukrajnsko kulturno drustvo *"Ljubljana-Kyiv"*. Banja Luka: Vilux, 2020.

14 / *Ukraïner. Ukrainian insider.* Lviv: The Old Lion Publishing House, 2019.

15 / World Wide Words. "Gastro-diplomacy." Accessed 2015. http://www.worldwidewords.org/turnsofphrase/tp-gas1.htm.

16 / Zaprutko-Janicka, Aleksandra. *Dwudziestolecie od kuchni. Kulinarna historia przedwojennej Polski.* Kraków, 2017.

17 / Артюх, Лідія. *Звичаї українців у народному календарі. Науково-популярне видання.* Київ, 2012.

18 / Артюх, Лідія. *Українська народна кулінарія. Історико-етнографічне дослідження.* Київ, 1977.

19 / Артюх, Лідія. «Культура української їжі». В *Українська культура*, № 4, ред. Л. В. Артюх. Міністерство культури України, 2007.

20 / Борисенко, Валентина. «Обрядове печиво

в українській традиційні культурі». *Народна творчість та етнологія*, № 4 (2011).

21 / Борисенко, Валентина. Традиції і життєдіяльність етносу. *На матеріалах святково-обрядової культури українців.* Київ, 2000.

22 / Брайченко, Олена. «Кухарські книги початку ХХ ст. як джерело дослідження гастрономічної культури українців». *Українознавство*, № 1(66) (2018).

23 / Брайченко, Олена. *Українське застілля.* Харків: Віват, 2016.

24 / Васянович, Олександр. «Традиційно-побутова культура галицької дрібної шляхти ХІХ — початку ХХ ст. у творчості Андрія Чайковського». *Народна творчість та етнографія*, № 5 (2008).

25 / Вербенець, Ольга, Манько, Віра. *Обряди і страви Святого вечора.* 2-ге видання, перероблене та доповнене. Львів: Свічадо, 2008.

26 / Вишневська, Г., Цегельник, А. «Гастрономічні свята та Фестивалі як туристична атракція». *Географія та туризм*, № 18 (2012).

27 / Вовк, Федір. *Студії з української етнографії та антропології.* Прага: Укр. громад. вид. фонд, 1928.

28 / Вольвач, Петро. «Українське яблуко (до історії походження та поширення сорту Ренет Симиренка)». У *Праці наукового товариства імені Тараса Шевченка*, Т. ХІІ: *Екологічний збірник. Екологічні проблеми Карпатського регіону.* Львів, 2003.

29 / Гримич, Марина. *Життя під піньорами. Культурний ландшафт українських поселень у Бразилії.* Київ: Дуліби, 2016.

30 / Грубич, Костянтин. *Смачна країна. Народні рецепти та поради звідусіль від народного журналіста.* Львів: Видавництво Старого Лева, 2015.

31 / Груневег, Мартин (отец Венцислав, духовник Марины Мнишек). *Записки о торговой поездке в Москву в 1584–1585 гг.* Составитель А. Л. Хорошкевич. Москва: Памятники исторической мысли, 2013.

32 / Довженок, Василь. *Землеробство Древньої Русі до середини ХІІІ ст.* Київ: Видавництво Академії Наук УРСР, 1961.

33 / Дрогобицька, Оксана. «Матеріальна культура сільської інтелігенції Галичини (кінець ХІХ — 30-ті роки ХХ ст.)». У *Збірник наукових статей до курсу "Повсякденне життя галицької інтелігенції".* Івано-Франківськ, 2014.

34 / Етнографія Києва і Київщини. *Традиції і сучасність.* Київ: Наукова думка, 1986.

35 / Заклинська, Осипа. *Нова кухня вітамінова.* Львів: Русалка, 1928.

36 / *Збірник рецептур національних страв та кулінарних виробів: для підприємств громадського харчування всіх форм власності.* Київ, 2007.

37 / Зелінська-Джонсон, Ярослава. *Спадщина чотирьох господинь. Спогади проте, як готували в українському домі.* Львів: Видавництво Старого Лева, 2019.

38 / Зюбровський, Андрій. *Народні традиції випікання хліба в українців наприкінці ХІХ —*

на початку XXI століття. *За матеріалами Південно-Західного історико-етнографічного регіону.* Київ, 2018.

39 / Килимник, Степан. *Український рік у народних звичаях в історичному освітленні.* Т 1. Львів, 1993.

40 / Кисілевська, Олена. *Як добре і здорово варити.* Коломия: Жіноча доля, 1938.

41 / Коцюбанська, Ольга. «Становлення кондитерської промисловості в Києві. Питання історії науки і техніки». Журнал Центру пам'яткознавства НАН України, вип. 1, Київ, 2007.

42 / Левассер де Боплан, Гійом. *Опис України, кількох провінцій Королівства Польського, що тягнуться від кордонів Московії до границь Трансильванії, разом з їхніми звичаями, способом життя і ведення воєн.* Переклад Я.І. Кравця та З.П. Борисюк. Київ, 1990.

43 / Лильо, Ігор. «Гастрономічні секрети королівського комісара Олександра Гусаржевського (1714–1782)». У *Етнічна історія народів Європи.* Київ, 2020.

44 / Лильо, Ігор. *Львівська кухня.* Харків, 2019.

45 / Магочій, Павло-Роберт; Петровський-Штерн, Йоханан. *Євреї та українці: тисячоліття співіснування.* Переклад Оксани Форостини. Ужгород: Видавництво Валерія Падяка, 2016.

46 / Максимович, Михайло. *Дні та місяці українського селянина.* Київ, 2002.

47 / Маркевич, Николай. *Обычаи, поверья, кухня и напитки малороссиян.* Киев, 1860.

48 / Нетудихаткін, Ігор. *Старожитня кухня київських митрополитів.* Київ: Горобець, 2018.

49 / Ніколенко, Вадим. «Гастрономічна культура в процесах формування громадянської ідентичності: теоретичний огляд проблеми». *Грані*, № 18 (7) (2015).

50 / Пав'юк, Володимир, упорядник. *Приповідки або українсько-народна філософія.* Перевидання з оригіналу 1946. Том 1, 2. Едмонтон, 1998.

51 / Піпан, Христина. «Зародження селекції культури пшениці озимої (до середини XIX ст.)». *Український селянин*, вип. 11, 2008.

52 / Пивоваренко, Олена. *Винокуріння та шинкування на Лівобережній Україні (друга половина XVII — XVIII ст.).* Київ, 2007.

53 / Пивоваренко, Олена. «Їжа у повсякденному житті козацької старшини як природня необхідність та соціальна ідентифікація». *Етнічна історія народів Європи*, вип. 49, (Київ, 2016).

54 / Пономарьова, Ірина. «Специфічні риси в системі харчування греків Приазов'я». *Народна творчість та етнологія*, № 5 (2015).

55 / Резніченко, В.І., Михно, І.Л. *Довідник-практикум офіційного, дипломатичного, ділового протоколу та етикету.* Київ: УНВЦ «Рідна мова», 2003.

56 / Розумна, Оксана. «Культурна дипломатія України: стан, проблеми, перспективи». Розміщена у 2016. http://www.niss.gov.ua/content/articles/files/kultu_dypl-26841.pdf.

57 / *Русская Пекарня або наука якъ варити и печи составлена Емилією Левицькою.* Коломыя, 1906.

58 / Савостіна, Юлія; Тарапакіна,

Лала; Огородник, Юлія-Аврора та ін. *#MADEINUKRAINE Купуй, смакуй, мандруй.* Київ: Самміт-Книга, 2017.

59 / Семенюк, Анна. *Культура харчування.* Львів, 2001.

60 / Слипченко, Александр. *Дипломатическая кухня.* Киев: Генеральная дирекция по обслуживанию иностранных представительств, 2015.

61 / Смоляр, Володимир. *Історія харчування.* Київ: Медицина України, 2006.

62 / Соболєва, Олена. *Кримськотатарська кухня.* Київ: Їzhak, 2019.

63 / Сокирко, Олексій. «Ведлугъ порадку братерского». *Бенкети київський ремісників другої половини XVIII ст. Місто: історія, культура, суспільство. Е-журнал урбаністичних студій. Спеціальний випуск «Їжа та місто».* К., 2019. № 7.

64 / Тарновецька, Наталія, упоряд. *Автентичні страви Коломийщини.* Тернопіль: Видавництво ТОВ «Наш світ», 2016.

65 / Таирова-Яковлева Т. «Иван Мазепа — дипломат: Жан Балюз глазами гетмана». *Academia terrae: Студії на пошану Валерія Смолія.* Т. 2. Київ, 2020.

66 / *Українське повсякдення ранньомодерної доби: збірник документів.* Вип. 1. Волинь XVI ст. Київ: Фенікс, 2014.

67 / *Українські страви.* Київ, 1960.

68 / Франко, Ольга. *1-ша українська загально-практична кухня з численними ілюстраціями та кольоровими таблицями.* Передмова і коментарі М. Душар, післямова Н. Тихолоз. Харків, 2019.

69 / Филимончук, Л., ред. *Кулинария.* Київ, 1996.

70 / Хазан, Маргарита. *Буковинська кухня.* Чернівці, 2007.

71 / Цвек, Дарія. *Sweet treatsпечиво.* Львів: Видавництво Старого Лева, 2013.

72 / Чапленко, Наталія, упоряд. *Українські назви з куховарства й харчування.* Нью-Йорк: Союз Українок Америки, 1980.

73 / Чапл-Сокіл, Сем. «Нові види культурної дипломатії. Огляд культурної дипломатії». Розміщена у 2015. https://www.wfpusa.org/articlesa/culinary-diplomacy-power-food-tool-peace/

74 / Яворницький, Дмитро. *Історія запорізьких козаків у 3-х томах.* Т. 1. Львів: Світ, 1990.

75 / Яременко, Максим. «Насолоди освічених в Україні XVIII століття (про культуру вживання церковною елітою чаю, кави та вина)». *Київська академія,* вип. 10 (2012).

76 / Ящинська, Віра. *Розумне харчування.* Київ: Сяйво, 1929.

난이도

분량

조리 시간

비건식

블렌더

오븐

발효통

조리용 끈

칼

도마

볼

숟가락

몰드

종이 타월

밀대

나무 주걱

면포

천

베이킹 팬

프라이팬

붓

거품기 / 핸드믹서

냄비

절구

체

슬라이서

롤링 나이프

체

소금 & 후추통

유리병

실리콘 매트

고기 분쇄기

강판

국자

짤주머니

베이킹 페이퍼

롤링 나이프(톱날 있는)

포크

냉장

접시

가위

꼬치

나무 망치

튀김기

집게

유리잔

쿠킹 포일

스탠드 믹서

구멍 뚫린 국자

둥근 빵

메밀빵

밀과 호밀빵

감사의 말

Acknowledgements

많은 분들의 지식과 노력으로 이 독특하고 특별한 책이 탄생하였다. 이 프로젝트에 경험과 조언을 아낌없이 나누어 준 모든 분들께 진심으로 감사드린다. 우크라이나 문화학자들은 각 챕터들을 더욱 흥미롭고 폭넓게 만들었다. 우크라이나 음식 전문가인 마리안나 두샤르(*Маріанна Душар*)는 우크라이나 보르슈치에 대한 흥미로운 사실을 알려주었다. 드미트로 시코르씨키(*Дмитро Сікорський*)와 함께 우리는 우크라이나 남부 오데사 지역에서 가장 인기 있는 음식 맛을 발견했고, 카테리나 칼루지나(*Катерина Калюжна*)는 헤르손 지역의 독창적인 보르슈치 레시피를 공유해 주었다. 미로슬라바 파울릭(*Мирослава Павлик*)은 크림 타타르의 비스킷 사진을 제공했다. 아우로라 오호로드닉(*Аврора Огородник*), 올렉시 소키르코(*Олексій Сокирко*), 안드리 파라모노우(*Андрію Парамонов*), 미하일로 크라시코우(*Михайло Красіков*), 올하 코쮸반씨카(*Ольга Коцюбанська*), 나탈랴 삼룩(*Наталія Самрук*), 스비틀라나 보흐다네찌(*Світлана Богданець*)와 아나스타시야 판코바(*Анастасія Панкова*)의 전문적인 도움에 깊은 감사를 드린다. 우크라이나 최고의 장인들과 회사들은 음식 프레젠테이션의 최고 수준을 보여 주었다. INTERIOMANIA(우크라이나 홈 텍스타일 온라인 회사), Mriyi Mariyi 아트 디자인 매장, Gunia Project(독특한 디자인의 브랜드 셀렉션), Maistrenko Ceramics 스튜디오, GORN, Chebrets 세라믹 스튜디오, 세라믹 예술가 얄로슬라우 체바뉵(*Ярослав Чебанюк*), 그리고 Dyka Svichka 야생 밀랍 양초 회사의 도움과 지원에 감사드린다.

우리는 독자들이 우크라이나 요리의 우수성과 대표 레시피를 제대로 평가하고, 사진에 나와 있는 요리들을 재현할 수 있으리라고 확신한다. 이 책의 모든 레시피는 우크라이나 셰프들이 실제 주방에서 개발하고 테스트한 것이다. 우리는 음식을 촬영하고 멋진 요리를 만들고 즐기면서 보낸 모든 시간들을 즐겁게 회상한다. 이 책에 나온 요리는 브야체슬라우 폽코우(*В'ячеслав Попков*)와 야로슬라우 아르튜흐(*Ярослав Артюх*)셰프가 세르히 시디코(*Сергій Сідько*), 비탈리야 굴루자데(*Віталія Гулузаде*)및 에우헤니 사엔코(*Євгеній Саєнко*)의 도움을 받아 준비했다.

UKRAINE

/ Food and
/ History